U0323987

国家重点研发计划课题(2017YFC0603004)资助
国家自然科学基金面上项目(51272068)资助

# 纳米技术改性水泥基材料

李海艳 著

中国矿业大学出版社

## 内 容 提 要

近年来纳米技术改性水泥基材料引起了广大科技工作者的关注。纳米外加晶种可以提供水泥水化产物成核位，降低成核势能，从而提高水化效率。纳米晶种的性能与其粒径、形貌及分散程度等有关。

本书介绍了高效纳米晶种的合成方法，阐述了不同特性纳米晶种对硫铝酸盐水泥基注浆材料水化及硬化的影响规律，分析了纳米晶种所处体系环境对其性能的影响规律，并优化了水泥基注浆材料组成。全书将专业理论知识和实践有机结合起来，具有科学性、先进性和应用性特点。

本书可供材料、化学、化工、安全、能源、土木及相关领域的科技工作者以及大专院校相关专业的师生参考使用。

**图书在版编目(CIP)数据**

纳米技术改性水泥基材料 / 李海艳著. —徐州：中国矿业大学出版社，2019.10

ISBN 978-7-5646-2180-3

Ⅰ. ①纳… Ⅱ. ①李… Ⅲ. ①纳米材料—水泥基复合材料—研究 Ⅳ. ①TB333.2

中国版本图书馆 CIP 数据核字(2019)第243292号

**书　　名**　纳米技术改性水泥基材料

**著　　者**　李海艳

**责任编辑**　杨　洋

**出版发行**　中国矿业大学出版社有限责任公司

（江苏省徐州市解放南路　邮编 221008）

**营销热线**　(0516)83884103　83885105

**出版服务**　(0516)83995789　83884920

**网　　址**　http://www.cumtp.com　**E-mail**:cumtpvip@cumtp.com

**印　　刷**　江苏凤凰数码印务有限公司

**开　　本**　787 mm×1092 mm　1/16　**印张** 7.75　**字数** 200 千字

**版次印次**　2019 年 10 月第 1 版　2019 年 10 月第 1 次印刷

**定　　价**　30.00 元

（图书出现印装质量问题，本社负责调换）

# 前 言

硫铝酸盐(CSA)水泥广泛应用于注浆工程,但大水灰比条件下硫铝酸盐水泥基注浆材料(CBGM)的凝结时间和早期抗压强度不能满足抢修抢建和大断面巷道加固等特殊工程的要求。硫铝酸盐水泥基材料在早强剂或早强速凝剂的调整下可以提高浆体的力学性能和凝结性能,但常造成其中后期抗压强度下降,不利于被加固体的稳定。采用纳米技术改性水泥基材料,可以提高其早期和中后期抗压强度,缩短凝结时间,而且不同结构纳米材料对水泥基材料的改性效果不同。

本书合成了与水化产物具有同晶结构的纳米类水滑石和钙矾石。首先,研究类水滑石的层板元素组成、粒径、分散程度对CSA水泥水化和硬化的影响规律,优选类水滑石并研究其对CBGM浆体性能的影响规律及改性机理;其次,分析溶剂组成、表面活性剂种类、晶化温度和晶化时间对钙矾石特性的影响,在此基础上设计了正交试验,制备了具有不同特性(粒径、杂质含量)的纳米钙矾石并用其改性CBGM浆体;再次,研究纳米材料所在体系中减水剂类型及用量、悬浮剂用量及水灰比等因素对纳米材料性能增强的影响规律;最后,优化CBGM浆体组成,与常用早强剂碳酸锂在力学、凝结、稳定性及流变性方面进行了对比研究。希望本书能为其他学者对硫铝酸盐水泥基材料外加剂进行研究奠定基础。

在撰写本书过程中参考的大量文献已在文后列出,在此对所有文献作者表示感谢。本书的出版得到了国家重点研发计划课题(2017YFC0603004)和国家自然科学基金面上项目(51272068)的资助,在此表示衷心感谢。

由于作者水平有限,书中难免存在不当之处,恳请广大读者批评指正。

作 者

2019年5月于河南理工大学

# 目　录

# 1 绪 论

## 1.1 研究背景和目的

注浆技术在工程中有着广泛的应用，如用于建筑物沉陷地基的加固和抬升，桩底注浆加固，铁路、公路路基和机场跑道下沉地基的加固，巷道翻修，大断面煤层巷道过断层组超前预加固等[1-5]。注浆技术的关键是注浆材料的性能，材料的性能是保证注浆技术达到预期目的的重要因素。注浆材料包括无机注浆材料和有机注浆材料。水泥基注浆材料属于无机注浆材料，由于其具有材料来源广、价格低廉、无污染等优点，故在注浆领域中广泛应用。

与硅酸盐水泥基材料不同，硫铝酸盐水泥基注浆材料主要包括硫铝酸盐水泥熟料、石膏及石灰等，具有水化速率高、早期强度高、凝结时间短、抗腐蚀能力强等优点。实际工程中采用双液注浆模式：A 液包括硫铝酸盐(CSA)水泥熟料、减水剂、缓凝剂、悬浮剂等；B 液包括硬石膏、石灰、减水剂、早强剂、速凝剂、悬浮剂等。A 液和 B 液在泵送期要求具有高流动性，且浆体不发生离析、分层现象；在被加固处 A 液和 B 液相遇，要求浆液迅速凝结，体积稳定性较好且力学性能提升。为了保证浆体的可泵性和渗透性，通常选择在大水灰比(水灰比大于 0.5)条件下施工[6]。大水灰比条件下，硫铝酸盐水泥基注浆材料(CBGM)的凝结时间和早期抗压强度不能满足高速路修补、隧道加固等特殊工程的要求，因此，水泥基注浆材料的性能有待进一步提高。

水泥浆体在早强剂或早强速凝剂的调整下可以提高力学性能、凝结性能等。硫铝酸盐水泥常用的早强剂包括钙盐早强剂、锂盐早强剂及钠盐早强剂等[7-10]。钙盐、钠盐及锂盐早强剂均能促进浆体的水化，且与钙盐、钠盐早强剂相比，锂盐早强剂能够更好地提高浆体的早期抗压强度。但早强剂减少了早期水化放热总量，且导致中后期抗压强度大幅下降，不利于被加固体的稳定[11]。

纳米技术改性水泥基材料不仅能够促进浆体的早期水化，改善硬化浆体微观结构，还能提高早期及中后期抗压强度[12-15]。本书拟采用纳米技术改善硫铝酸盐水泥基注浆材料(CBGM)性能，依据晶体生长理论，采用与水化产物具有同晶结构的纳米材料改性 CBGM，研究纳米材料的特性及所处环境对其性能的影响规律，为对硫铝酸盐水泥基材料外加剂进行研究奠定一定的基础。

## 1.2 硫铝酸盐水泥基材料研究现状

对硫铝酸盐早期力学性能及凝结性能的改善主要包括以下两个方面：① 优化硫铝酸盐水泥基材料的矿物组成；② 选择合适的外加剂改性硫铝酸盐水泥基材料。

### 1.2.1 调整矿物组成

兰明章等[16]研究了铝、硫质量比对硫铝酸盐水泥力学性能的影响，发现铝、硫质量比增大到4.6时，无水硫铝酸钙的含量为60%～70%，硅酸二钙含量为15%～20%，七铝十二钙含量约为5%，配制的硫铝酸盐水泥具有较好的早强性能和较高的抗折强度。硫铝酸盐水泥中的石灰、石膏质量比影响$SO_4^{2-}$的溶出速率、水化进程及水化产物量，从而影响硫铝酸盐水泥基材料的凝结时间和力学强度[17]。C. W. Hargis等[18]研究了二水石膏和熟石灰对无水硫铝酸钙水化规律的影响，发现增大熟石灰掺量会提高二水石膏的消耗，促进浆体水化，但过量的熟石灰在某种程度上会延迟钙矾石的生成，可能是水化颗粒表面附着的凝胶层导致的。

常钧等[19]发现当水化产物中铝胶含量较高、钙矾石(AFt)含量较低时，铝胶会填充在硫铝酸盐水泥浆体的空隙中，从而提高浆体的抗压强度；二水石膏能促进无水硫铝酸钙的水化，并且随着掺量的增加，硫铝酸盐水泥石抗压强度呈现先增后减的趋势，无水硫铝酸钙与二水石膏的物质的量比达到3∶4时，浆体的抗压强度较高。硫铝酸盐水泥熟料中$Fe_2O_3$的含量为6%和8%时，低温烧结的水泥凝结时间较短，出现急凝现象，早期抗压强度低，后期抗压强度不增长。当$Fe_2O_3$的含量为12%时，凝结时间正常，1 d抗压强度发展为46.0 MPa，28 d抗压强度增加到63.8 MPa，$Fe_2O_3$的含量对高温烧结水泥的凝结时间和抗压强度影响不大[20]。

徐玲琳[21]研究了复合水泥和硫铝酸盐水泥二元体系中硫铝酸盐水泥对复合水泥体系力学性能的影响，发现硫铝酸盐水泥的掺加提高了复合水泥体系的凝结硬化速率，且用量越多，凝结时间越短。硫铝酸盐水泥用量约为6%时会提高二元砂浆的抗压强度，但掺量较高时对复合水泥体系的强度发展不利。

相对于硫铝酸盐贝利特水泥，掺入15%的硅酸盐水泥可以提高复合水泥砂浆的抗压强度与弹性模量，改变了硬化浆体内的孔结构分布，对钢筋具有较好的保护作用[22]。在硫铝酸盐水泥-硅酸盐水泥-硬石膏三元体系中[23]，硫铝酸盐与硅酸盐水泥的物质的量比影响水化产物钙矾石(AFt)和单硫型水化硫铝酸钙(AFm)的相对含量，复合体系前7 d主要是硫铝酸盐水泥发生水化反应，而7 d后主要是发生硅酸盐水泥的水化反应，且早期强度由硫铝酸盐水泥水化提供，后期主要由硅酸盐水泥水化提供[23]。硅酸盐水泥熟料的添加能够促进硫铝酸盐水泥的水化反应、提高硫铝酸盐水泥的标准稠度、缩短凝结时间、提高早期强度，但不利于后期强度的发展[24]。

M. GarcíA-Maté等[25]研究了水灰比及二水石膏含量对硫铝酸盐水泥浆体力学性能的影响。研究结果表明，水灰比增加，浆体的抗压强度降低，且二水石膏含量影响浆体的抗压强度。水灰比及高效减水剂影响硫铝酸盐水泥的孔径分布，相同水灰比时，适量高效减水剂的加入可使大孔消失，抗压强度提高。在20 ℃水中氧化的条件下，铁铝酸盐水泥的早期抗压强度增长率大于硫铝酸盐水泥的，然而2 a内硫铝酸盐水泥的抗压强度会逐渐增加，而铁铝酸盐水泥抗压强度趋于定值[26]。

侯文萍等[27]的研究结果表明，烧石膏溶解度大，溶解速率低，当用烧石膏取代二水石膏时，可以提高硫铝酸盐水泥基材料的早期抗压强度，且抑制水泥体系后期强度的倒缩。蔡兵团[28]研究了石膏类型对硫铝酸盐水泥基注浆材料力学性能的影响，结果表明选用硬石膏的注浆材料其相同龄期的抗压强度明显高于掺加等量二水石膏时注浆材料的抗压强度。贾会霞等[29]的研究结果表明，石膏的掺入会缩短硫铝酸盐水泥的凝结时间，这可能与石膏的类型有关。崔素萍等[30]研究了石膏类型对硅酸盐-硫铝酸盐复合水泥体系的影响，结果表明，二水石膏的溶解度较小，溶解速率较低，两种石膏对水泥体系强度的影响趋势较复杂。冯修吉等[31]认为硫铝酸盐水泥的强度不仅与石膏的掺量有关，还与石膏的溶解度密切相关，溶解度越低，水泥的强度越高。贾韶辉等[32]研究了石膏种类及掺量对硫铝酸盐水泥性能的影响，发现二水磷石膏配制的硫铝酸盐水泥早期抗折强度较高，但后期强度发展缓慢，与半水磷石膏、二水磷石膏相比，无水磷石膏配制的硫铝酸盐水泥具有较高的抗折强度及抗压强度。

简险峰等[33]研究了硅酸盐水泥产量对硅酸盐水泥-硫铝酸盐水泥复合胶凝体系抗压强度的影响规律，发现当硅酸盐水泥用量小于60%时，随着硅酸盐水泥用量的增加，复合水泥体系的抗压强度呈现降低的趋势；当硅酸盐水泥用量大于60%时，复合水泥体系的抗压强度随着普通硅酸盐水泥用量的增加而增大。

综上可以看出，水泥基材料的矿物组成影响浆体的力学性能，通过调整材料的组成，可以获得较好的力学性能，但通过此方法提高浆体力学性能的程度有限。

### 1.2.2 外加剂改性

孟祥谦等[34]发现可再生分散胶粉的掺量影响硫铝酸盐水泥砂浆力学性能，胶粉掺量增加，抗压强度下降，黏结强度增大。周华新等[35]采用聚合物胶粉及抗裂纤维改性铝酸盐水泥，掺入缓凝剂和减水剂，其3 h的抗压强度达到8.5 MPa，7 d的黏结强度达到2.89 MPa，并且耐久性较好，适用于快速路修补。黄梅等[36]采用普通硅酸盐水泥、硫铝酸盐水泥基二水石膏为胶凝材料，通过掺加瓦克5010乳胶粉，研制出超早强的修补材料，2 h的抗压强度达到28 d抗压强度的40%，乳胶粉能够显著提高复合水泥砂浆韧性，起到有机架桥的作用，改善了新老界面的结合情况。与醋酸乙烯酯-乙烯共聚乳液相比，丁苯乳液能够更好地提高硫铝酸盐水泥砂浆的抗压强度及黏结强度，具有快硬、早强的特点[37]。聚合物改性硫铝酸盐水泥砂浆的早期强度高、黏结强度大，一般适用于裂隙较宽的场合[38]。

与细石英粉相比，细石灰石粉能够促进硫铝酸盐水泥的水化，缩短凝结时间，且细石灰石粉中的碳酸钙使得钙矾石变得更加稳定，不易转变为单硫型水化硫铝酸钙，水泥强度得到提高[39]。戴民等[40]研究了轻质碳酸钙、双飞粉及硅灰对硫铝酸盐水泥基注浆材料力学性能的影响，发现适量轻质碳酸钙能够提升浆体的抗压强度，双飞粉降低了浆体的抗压强度，适量的硅灰可提高水泥基注浆材料浆体各龄期的抗压强度。马保国等[41]以电石渣、超细碳酸钙及甲酸钙的混合物改性硫铝酸盐水泥，2 h的抗压强度达到21 MPa，提高了130%。王桂明等[42]以磷石膏晶须为增强剂提高硫铝酸盐水泥砂浆的抗压强度，结果表明，当磷石膏晶须掺量为1%～3%时，浆体的抗压强度能够提高20%以上。

G. X. Li等[43]研究了碳酸锂及硫酸铝复配对0 ℃时硫铝酸盐水泥力学及凝结性能的影响，结果表明碳酸锂及硫酸铝复配提高了早期抗压强度，缩短了凝结时间，其原因是碳酸锂及硫酸铝不但促进了水化产物钙矾石的形成，而且加速了贝利特矿物的水化。Y. H. Zhang等[44]研究了大水灰比时碳酸锂对硫铝酸盐水泥基注浆材料性能的影响，结果表明碳酸锂能够提高浆体水化速率，缩短凝结时间，提高早期抗压强度，碳酸锂的用量影响水化产物的质量、形貌及微观结构。韩建国等[45]研究了碳酸锂及氢氧化锂对硫铝酸盐水泥水化历程的影响，发现碳酸锂和氢氧化锂均可以显著提高早期水化放热速率，但促使后期水化放热总量下降，与碳酸锂相比，氢氧化锂对浆体的促进作用更加显著。

黄士元等[46]研究了掺加缓凝剂和促硬剂对硫铝酸盐水泥凝结时间、水化历程、水化产物种类的影响，发现缓凝剂延缓了无水硫铝酸钙和铁铝酸四钙的水化，促硬剂能够与缓凝剂发生反应，终止缓凝作用。孙倩[47]研究了硬石膏及外加剂对硫铝酸盐水泥基注浆材料水化硬化的影响，发现硬石膏掺量为30%时，凝结时间较短，抗压强度较高，水化速率较高；元明粉能显著提高硫铝酸盐水泥基注浆材料的抗压强度，偏铝酸钠能够促进浆体的凝结，但对早期抗压强度及水化过程无明显影响；碳酸锂能促进浆体的早期水化，显著提高早期抗压强度，葡萄糖酸钠延长了钙矾石的形成时间，延缓浆体的凝结，四种外加剂的加入均没有改变水化产物的种类。

马保国等[8]的研究结果表明甲酸钙可显著提高硫铝酸盐水泥的水化放热速率，缩短水泥的初凝时间和终凝时间。李峤玲[48]以碳酸锂为早强剂，与硼酸、酒石酸及聚羧酸减水剂复配制备了一种超早强水泥基灌浆料，发现碳酸锂促进了浆体的水化，在很短时间内生成了$Ca(OH)_2$晶体、钙矾石和单硫型水化硫铝酸钙，此外还生成了少量陶瓷相的硅酸铝锂，从而早期强度较高。

B. A. Clark 等[49-50]研究发现钠离子可提高硫铝酸盐水泥的水化放热速率且促进单硫型水化硫铝酸钙(AFm)的生成。扶庭阳[51]的研究结果表明锂盐可以加快硫铝酸盐水泥水化进程，少量的碳酸锂可以显著提高硫铝酸盐水泥的早期力学性能及凝结性能。

刘红杰等[52]研究亚硝酸钙对硫铝酸盐水泥水化和强度的影响，发现亚硝酸钙能缩短硫铝酸盐水泥诱导时间，但降低后期放热速率，提高硫铝酸盐水泥早期抗压强度及抗折强度。

徐鹏飞等[53]研究氢氧化钙对硫铝酸盐水泥-粉煤灰复合胶凝材料体系水化的影响，发现氢氧化钙能够促进复合胶凝材料的水化，显著缩短了凝结时间，1 d及28 d抗压强度均有提高。程超[54]用碳酸锂、硅灰、聚羧酸减水剂、亚硝酸钙及纳米碳酸钙作为硫铝酸盐胶砂的复合外加剂，该复合外加剂能使硫铝酸盐水泥1 h抗折强度达到6.2 MPa，抗压强度达到37 MPa。陈大川等[11]将碳酸锂、亚硝酸钙、聚羧酸高效减水剂、纳米碳酸钙、硅灰等加入硫铝酸盐混凝土中，材料1 h的抗压强度达到37.1 MPa，3 d抗压强度达到62.3 MPa，符合抢修工程的要求。张振秋等[55]研究了硼酸钠、硼酸钾、硼酸锂和硼酸铵对硫铝酸盐水泥熟料凝结时间和抗压强度的影响，发现硼酸钠、硼酸钾、硼酸铵及硼酸锂均能够缩短初凝时间和终凝时间，提高浆体6 h抗压强度，与硼酸钠、硼酸钾、硼酸铵相比，硼酸锂能够更好地缩短凝结时间并提高早期抗压强度。

C. W. Hargis 等[56]研究了方解石及球文石对无水硫铝酸钙早期水化的影响，研究发现方解石和球文石均可提高浆体的水化放热速率，二者均可与单硫型水化硫铝酸钙反应生成单碳型水化碳铝酸钙和钙矾石，且球文石的促进能力更强；当体系中存在二水石膏时，二水石膏可以消耗单硫型水化硫铝酸钙，生成钙矾石，从而抑制了方解石和球文石的活性。

陈娟等[57]研究了碳酸锂、可再分散乳胶粉和萘系减水剂等化学外加剂对硫铝酸盐水泥凝结时间和抗压强度等的影响，其研究结果表明，碳酸锂能显著缩短硫铝酸盐水泥的凝结时间，微量的碳酸锂便能使水泥发生急凝，提高小时抗压强度，但掺量大于等于0.1%就会较大幅度降低水泥的中后期强度。韩建国等[58]研究了碳酸锂对硫铝酸盐水泥凝结时间、水化历程及抗压强度发展的影响，发现碳酸锂可大幅加速水泥的凝结，缩短水化诱导期，提高硫铝酸盐水泥早期的水化放热速率，但降低15 h后的水化放热总量和抗压强度，与陈娟等研究结果一致。

奚浩[59]的研究结果表明掺入5%和10%的锂渣可使硫铝酸盐水泥浆料的初凝时间和终凝时间缩短，1 d和7 d的抗压强度提高，但28 d抗压强度发生倒缩现象，经微波处理后的锂渣能够更大幅度地缩短浆体初凝时间和终凝时间，提高早期抗压强度。韩磊[60]将一种碱性激发剂掺入改性大掺量粉煤灰硫铝酸盐水泥，其激发了粉煤灰的活性，参与水泥的后续反应，提高了浆体的密实度，促进了早期钙矾石和凝胶的生成，提高了2 h抗压强度，但7 d后的抗压强度出现倒缩现象。吴逸虹等[61]研究发现NaOH及KOH能够提高硫铝酸盐水泥砂浆的早期强度，但降低后期强度，其原因是溶液中$OH^-$浓度的升高加速了钙矾石的生成，然而由于钙矾石生成过快，形成了致密的保护层，包裹了未水化的矿物，阻碍了砂浆的后期强度发展。左永强[62]研究了几种外加剂对硫铝酸盐水泥的力学和凝结时间的影响，发现硼酸对硫铝酸盐水泥的缓凝作用不稳定，且降低了浆体早期的抗压强度，$Li_2CO_3$及$Ca(NO_2)_2$能显著提高硫铝酸盐水泥6 h的抗压强度，但掺入过多会导致浆体后期强度下降，多元组分复配时，可有效提高早期和中后期抗压强度，缩短凝结时间。郭俊萍等[63]认为硫酸钠、亚硝酸钠、亚硝酸钙等具有良好的早强效果，但会导致后期强度大幅下降。

可以看出，化学外加剂能够提高硫铝酸盐水泥早期强度，但常造成中后期强度的下降，不利于被加固体的稳定，因此，寻找一种新的技术手段以实现在显著提高早期力学性能的同时中后期的力学性能不发生下降，具有重要的现实意义和研究价值。

## 1.3 纳米改性水泥基材料研究进展

用纳米技术改性水泥基材料引起了国内外学者的广泛关注。纳米材料由于具有粒径小、比表面积大、表面能高等特点，呈现与传统材料不同的特殊性质。将纳米材料应用到硫铝酸盐水泥基材料中，可有效提高水泥基复合材料的抗压强度、抗折强度、水化速率等。根据纳米材料能否参与水化反应，可将纳米材料分为活性纳米材料和惰性纳米材料。根据惰性纳米材料中纳米材料是否与水化产物具有相同结构，可将纳米材料分为同晶结构纳米材料和非同晶结构纳米材料。

### 1.3.1 纳米改性硫铝酸盐水泥基材料

对纳米材料改性硫铝酸盐(CSA)水泥基材料的研究较少，主要包括纳米$SiO_2$、纳米$CaCO_3$、纳米$TiO_2$等。硫铝酸盐水泥的主要水化产物为钙矾石和铝胶，当系统中$SO_4^{2-}$消耗完毕后，单硫型水化硫铝酸钙形成[64-65]。

#### 1.3.1.1 活性纳米材料

纳米$SiO_2$、纳米$CaCO_3$是能够参与硫铝酸盐水泥水化反应的活性纳米材料。纳米$SiO_2$能提高浆体的水化反应速率，除了晶核作用，纳米$SiO_2$还能与水化产物发生反应，较好地促进水化反应的进行[66]。3%掺量的纳米$SiO_2$能够将硫铝酸盐水泥砂浆2 h、8 h、1 d、3 d、28 d及56 d抗压强度分别提高44.84%、41.80%、37.85%、37.78%、42.32%和65.03%[67]。马保国等[68]研究了不同掺量的纳米$SiO_2$对硫铝酸盐水泥基材料力学性能和流动性能的影响，研究结果表明，随着纳米$SiO_2$掺量的增加，新拌浆体流动性逐渐下降。当掺加水泥质量3%的纳米$SiO_2$时，90 d的抗压强度和抗折强度分别提高了104.2%和90.2%，说明砂浆的韧性得到改善。韩磊[60]研究了纳米 $SiO_2$、纳米 $CaCO_3$对粉煤灰-硫铝酸盐水泥体系力学性能的影响，结果表明，1%～2%掺量的纳米 $SiO_2$的效果优于1%～2%掺量的纳米 $CaCO_3$。

#### 1.3.1.2 惰性纳米材料

(1) 非同晶结构纳米材料

纳米 $TiO_2$属于不具有同晶结构也不参与水化反应的惰性纳米材料。纳米 $TiO_2$的掺加缩短了水泥的凝结时间和水化诱导时间，但对稳定期无明显影响，可能是由于纳米 $TiO_2$影响了晶体的形成速率和结晶度，并导致浆体的微观结构发生一定程度的变化[69]。

(2) 同晶结构纳米材料

单硫型水化硫铝酸钙及纳米钙矾石是与浆体水化产物具有同晶结构的纳米材料。

单硫型水化硫铝酸钙属于类水滑石家族，其主体一般由两种金属的氢氧化物构成，类似于水镁石结构，是一类具有特殊结构和功能的层状阴离子型黏土(图 1-1)。类水滑石(LDHs)的化学通式为$[M^{2+}_{1-x}M^{3+}_{x}(OH)_2]^{x+}(A^{n-})_{x/n}\cdot mH_2O$，其中 $M^{2+}$和 $M^{3+}$分别为位于主体层板的2价和3价金属阳离子，$A^{n-}$为层间阴离子，$x$ 为 $M^{3+}$与$(M^{2+}+M^{3+})$的物质的量的比值，$m$ 为层间水分子的个数。位于层板上的2价金属阳离子在一定的比例范围内可被离子半径相近的3价金属阳离子同晶取代，从而使主体层板带正电，层间的客体阴离子 $A^{n-}$与层板正电荷相平衡，使得 LDHs 整体呈电中性。LDHs 还包含母体金属为1价与3价金属离子的$[LiAl_2(OH)_6]^+(A^-)\cdot mH_2O$。

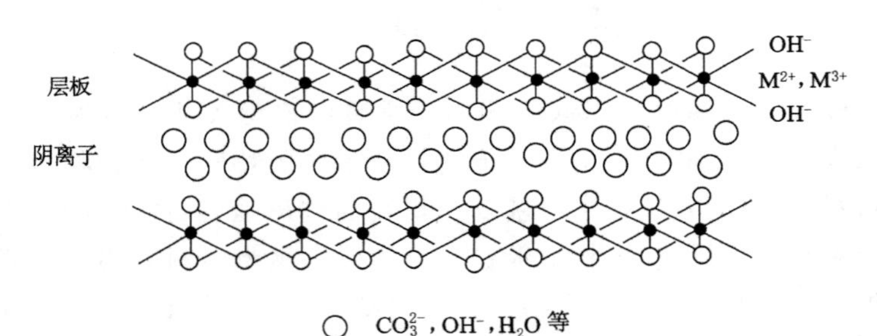


图 1-1 水滑石层状结构示意图

水泥发生水化反应后可形成六方片状的 AFm 相，而这种晶相用通式表示为$[Ca_2(Al,Fe)(OH)_6]\cdot X\cdot nH_2O$，其中 X 为层间阴离子，如单硫型水化硫铝酸钙($C_3A\cdot C\bar{S}\cdot H_{14}$)、半碳型水化碳铝酸钙($C_3A\cdot 0.5C\bar{C}\cdot 0.5CH\cdot H_{12}$)、单碳型水化碳铝酸钙($C_3A\cdot C\bar{C}\cdot H_{11}$)等。很多学者提出合成的 AFm 相可以作为潜在的普通硅酸盐水泥或混凝土早强剂[70-72]。目前没有关于类水滑石改性硫铝酸盐水泥基材料的研究报道。

钙矾石又称为三硫酸盐型水化硫铝酸钙，呈层柱状结构，属三方晶系，其柱体结构单元为$\{Ca_6[Al(OH)_6]_2\cdot 24H_2O\}^{6+}$。钙矾石分子结构中3个 $SO_4^{2-}$ 与2个 $H_2O$ 存在于柱体的孔道之中，$SO_4^{2-}$及其余 $H_2O$ 与带正电的柱体连接在一起，平行于 $c$ 晶轴构成钙矾石晶体。在柱体内，$Ca^{2+}$与4个 $OH^-$及4个 $H_2O$ 形成配位多面体[73]，$[Al(OH)_6]^{3-}$八面体与钙多面体交替排列形成$\{Ca_6[Al(OH)_6]_2\cdot 24H_2O\}^{6+}$多面柱。$[Al(OH)_6]^{3-}$八面体的形成对钙矾石基本结构的建立起着至关重要的作用，其形成的速率主要取决于液相中的$[AlO_2^-]$与$[OH^-]$[74]。

钙矾石晶体的生长面以(001)晶面($c$ 晶轴方向)为主[75]，自然矿物中含量较少，以发育较好的针状形态存在。钙矾石曾被称为水泥杆菌[76]，它的存在是水泥膨胀和开裂的主要原因[77-78]。近期发现早期形成的钙矾石不但没有降低水泥的性能，而且可以促进水泥的水化，提高水泥的早期强度及抗硫酸盐侵蚀能力，降低水泥的干缩程度。

目前没有纳米钙矾石改性硫铝酸盐水泥基材料方面的研究报道，几乎没有纳米钙矾石合成制备工艺方面的报道。

常规钙矾石的制备方法有溶液法、固相法、超声法等[79-81]。M. Sara 等[82]将 $Ca(OH)_2$ 1 000 ℃煅烧 12 h，在氮气保护条件下，将 $Al_2(SO_4)_3 \cdot 18H_2O$ 及煅烧产物溶解在超纯水中进行反应，产物为钙矾石、二水石膏和碳酸钙的混合物，合成钙矾石的直径约为 0.5 μm，长 20 μm。B. P. E Robert 等[83]将 $Ca(OH)_2$ 与 $Al_2(SO_4)_3 \cdot 18H_2O$ 分别溶解在充有 $N_2$ 的超纯水中，在有 NaOH 及氮气气氛的手套箱内，磁力搅拌 48 h，产物也为钙矾石、二水石膏和碳酸钙的混合物，合成钙矾石的直径约为 0.5 μm，长度为 1～10 μm。Q. Zhang 等[84]将 $Ca(OH)_2$、$Al(OH)_3$ 及石膏的混合悬浮液在超声、加热的条件下进行反应，产物经检测含有少量未反应的石膏，当提高氢氧化钙含量时又会生成杂质 $CaCO_3$。T. Terai 等[85]将 $Ca(OH)_2$ 与 $Al_2(SO_4)_3 \cdot 18H_2O$ 溶解在去二氧化碳离子水中反应 3 h，产物为钙矾石、二水石膏和碳酸钙的混合物，其中钙矾石呈针状，长度约 1 μm。G. B. Luis 等[86]分别在 1 400 ℃及 550 ℃煅烧制备了 $3CaO \cdot Al_2O_3$ 及硬石膏，将两种煅烧产物溶解在去 $CO_2$ 水中混合，磁力搅拌 3 d，然后周期性搅拌 2 周，产物中也有二水石膏和碳酸钙。可以看出，以上关于钙矾石的制备大多数采用了 $N_2$ 保护的方法，产物中有碳酸钙和二水石膏杂质，且钙矾石的尺寸为微米级。

合成条件对晶体的成核及生长过程有重要影响，而晶体的成核及生长过程又直接决定了晶体的形貌、尺寸等，因此合成工艺条件间接影响晶体的特性[87-89]。

陈凤琴[90]将磨细的 $Al_2(SO_4)_3 \cdot 18H_2O$ 和 $Ca(OH)_2$ 以物质的量比为 1∶6 分别溶解在去离子水中，机械搅拌 24 h，考察室温与 50 ℃时对钙矾石特性的影响。研究结果表明，常温和 50 ℃溶液反应温度下均能合成纯度较高的钙矾石，常温条件下合成的钙矾石以粗棒状为主，一些细针状的钙矾石夹杂在其中，晶体交错生长，晶体长 2～3 μm，宽约 0.5 μm，长径比为 4～6。50 ℃条件下，钙矾石晶体晶核形成速率加快，晶体较为细小，晶体长 0.5～1.0 μm，宽约 0.1 μm，长径比为 5～10。马惠珠等[91]研究了碱对钙矾石结晶的影响，将物质的量比为 1∶3 的 $C_3A$ 与 $CaSO_4 \cdot 2H_2O$ 分别溶解于去离子水、饱和 $Ca(OH)_2$ 溶液、0.5%NaOH 溶液及 5% NaOH 溶液中，密封搅拌 10 h，静置 3 d 后过滤。研究结果表明，随着溶液 pH 值增大，$C_3A$ 和 $CaSO_4 \cdot 2H_2O$ 向钙矾石转变的趋势增加。张文生等[92]探究了原材料、pH 值、温度、硼酸对钙矾石形貌的影响，采用 3 组原料(氢氧化钙和十八水合硫酸铝、硫铝酸钙和二水石膏、$C_3A$ 和二水石膏)在水溶液中制备钙矾石。研究结果表明，反应 1 d 时，3 组原料基本完全生成钙矾石，硫铝酸钙与石膏合成的钙矾石颗粒尺寸略大于氢氧化钙与硫酸铝合成的钙矾石，$C_3A$ 与石膏制备的钙矾石尺寸最小，以短柱状为主，长宽比是其他两组钙矾石长宽比的 1/10 左右。以氢氧化钙和十八水合硫酸铝为原料制备钙矾石时，适当提高温度可以促进钙矾石的生成，80 ℃反应温度下，直接形成钙矾石且形貌多样；100 ℃时，生成的钙矾石不能稳定存在，在较短的时间之后就会转化为单硫型水化硫铝酸钙。以氢氧化钙和十八水合硫酸铝为原料在不同 pH 值溶液中制备钙矾石时，液相 pH 值的增大会导致钙矾石的长宽比逐渐减小，钙矾石的形貌由长杆状逐渐向细小针状转变。当以氢氧化钙和十八水合硫酸铝为原料引入不同掺量的硼酸制备钙矾石时，发现硼酸促进硫酸钙结晶，抑制钙矾石的形成，主要体现在对钙矾石晶体(001)生长方向的抑制。硼酸掺量的增加致使钙矾石的生长变得缓慢，长宽比逐渐减小，尺寸变短。F. Goetz-Neunhoeffer 等[75]以十八水硫酸铝和氢氧化钙为原料，在不同温度、反应时间和 pH 值条件下，利用 SEM 测试研究产物钙矾石的显微形貌的变化。研究结果表明，反应时间由2 d 延长至 62 d，反应溶液的温度从 8 ℃升高至 30 ℃，钙矾石的显微形貌并无明显变化，不同 pH 值溶液中，钙矾石晶体大小发生了明显的变化。pH 值为 9.5 时，反应生成的钙矾石晶体有两种不同的聚集状态：一种为沿着 $c$ 轴生长为极其细小的针状晶体，长达 110 μm，长径比为 20 左右；另一种为呈纤维状放射生长的晶体。通过加入 NaOH 将 pH 值增大至 12.5，反应生成的钙矾石晶体大部分为长约 12 μm 的六角柱状晶体，长径比约为 4.5，少部分沿着 $c$ 轴生长的六角柱状晶体，长约 20 μm。

### 1.3.2　纳米改性硅酸盐水泥基材料

对纳米材料改性普通硅酸盐水泥基材料的研究非常多，了解纳米材料改性普通硅酸盐水泥基材料的研究进展对研究纳米材料改性硫铝酸盐水泥基材料具有一定的指导意义。

#### 1.3.2.1　活性纳米材料

(1) 纳米 $SiO_2$

纳米 $SiO_2$属于活性纳米材料，除了具有一般纳米材料的特性外，还能够与普通硅酸盐水泥水化产物 $Ca(OH)_2$反应生成更多的 C-S-H 凝胶，因此研究最多[93]。纳米 $SiO_2$影响硅酸盐水泥基材料的水化、微观结构、凝结性能、力学性能等。

将分散好的纳米二氧化硅掺到普通硅酸盐水泥中，浆体的微观结构会更加致密[94]，水化放热速率增大并且在水化初期检测到氢氧化钙的生成[95]。纳米二氧化硅的掺加缩短了水泥浆体诱导前期到诱导期所用的时间，使水化放热峰的出峰时间提前，提高了水化早期氢氧化钙以及 C-S-H 和 C-A-H 的生成量[96-98]。不同粒径的纳米二氧化硅对水泥浆体的水化放热速率的影响不同[99-100]，随着比表面积和掺量的增大，水化放热速率呈现增大的趋势。纳米二氧化硅溶解在饱和石灰水中能够缩短浆体的出峰时间，但水化放热速率降低[101]。纳米二氧化硅对矿渣水泥的水化过程有影响，矿渣的掺量为水泥质量的 50%，纳米二氧化硅的掺加缩短了水泥浆的诱导期且提高了浆体的水化放热速率[102]。不同类型纳米二氧化硅对超高性能混凝土水化行为的影响不同，通过热分解得到二氧化硅具有较低的反应活性，凝胶溶胶法制备的二氧化硅可以起到填充效应，但对早期的水化反应没有明显促进作用[103]。

团聚的纳米二氧化硅是一个薄弱的区域，导致其力学性能差和弹性模量低，硬化晶体密实度的提高是由于填充和火山灰效应[104]。水灰比为 0.45、纳米二氧化硅的掺量为 1%时，浆体的初凝时间和终凝时间分别降低 2.68%和 3.54%[105]。纳米二氧化硅溶胶可影响水泥净浆的黏度和凝结时间，二氧化硅的掺量为水泥质量的 0%、2.25%和 5%时，随着二氧化硅掺量的增加，初凝时间和终凝时间缩短且浆体的黏度增大[106]。纳米二氧化硅对水泥浆体抗压强度的提高存在最佳掺量，可能是纳米材料的团聚使得抗压强度下降[107-110]。将纳米二氧化硅掺到超细普通硅酸盐水泥中时，力学性能也得到了提高[111]。当掺加水泥质量 1.5%的纳米二氧化硅时，3 d时水泥浆体的抗压强度提高了 21.5%，纳米压痕测试表明，纳米二氧化硅的掺加提高了弹性模量和硬度[112]。水灰比为 0.23、掺加 6%的纳米二氧化硅可以使浆体的抗压强度提高到最大，但试验中要控制用水量和高效减水剂的掺量，否则纳米二氧化硅的使用会使力学性能下降[109]。纳米二氧化硅增强水泥基材料的主要原因是提高了水化硅酸钙凝胶的生成量，从而提高了抗压强度，而凝胶的生成与养护条件有关。P. K. Hou 等[12]认为纳米 $SiO_2$会促进粉煤灰水泥早期水化，从而提高早期强度，但是因为早期水化生成一层 Ca/Si 的致密壳层，阻碍粉煤灰进一步水化，从而导致后期强度下降。

（2）纳米 $CaCO_3$

1%的纳米 $CaCO_3$ 可将普通硅酸盐水泥的 7 d、28 d 的抗压强度分别提高 11.2%和 8.6%，抗折强度分别提高 11.7%和 14.7%[113]。杨杉等[114]发现纳米 $CaCO_3$的掺加能增大水泥浆体的水化放热速率，强化纤维与水泥基体的界面层，并改善界面结构。当钢纤维掺量为 1.5%、纳米 $CaCO_3$掺量为水泥质量的 2%时，混凝土各个龄期的抗压强度均有提高。纳米 $CaCO_3$ 加速了大掺量飞灰和炉渣普通硅酸盐水泥混凝土水化反应，且掺量越大，水化反应越快[115]。纳米 $CaCO_3$ 的掺加，提高了超高性能混凝土水化反应放热速率，缩短了诱导期和第二放热峰的出峰时间；随着纳米碳酸钙有效掺量的提高，孔隙率和临界孔径变小[116]。钱匡亮等[117]发现纳米 $CaCO_3$可以填充混凝土的微细空隙，提高了浆体的密实性，从而提高了混凝土抗碳化和抗氯离子渗透的能力。纳米 $CaCO_3$对水泥基材料的需水量影响不大，但缩短了凝结时间并降低了流动度，纳米 $CaCO_3$掺量为 2%时，早期水化放热速率最高，7 d 及 28 d 龄期的抗压强度和抗折强度增加，凝结时间最短[113]。纳米 $CaCO_3$ 的掺入显著提高了硅酸盐水泥基材料的弹性模量，虽然没有发现新的水化产物生成，但纳米 $CaCO_3$ 的含量降低，说明发生了反应[118]。抗压强度的增加主要是火山灰活性剂晶核作用导致的。

#### 1.3.2.2 同晶结构纳米材料

硅酸盐水泥体系的主要水化产物有水化硅酸钙(C-S-H)、$Ca(OH)_2$、水化铁铝酸钙及水化硫铝酸钙等。目前基于该体系的同晶结构纳米材料的研究主要集中于 C-S-H 晶种改性硅酸盐水泥基材料。

L. Nicoleau[119]发现 0.3%掺量的 C-S-H 晶种可显著增大硅酸三钙($C_3S$)及硅酸盐水泥的水化速率，提高了孔溶液中 C-S-H 的生成量，水化产物在晶核材料附近及孔隙处生长，C-S-H 晶种的性能与晶核尺寸以及表面活性剂对其分散的效果有关。G. Land 等[120]采用固相研磨法合成了 C-S-H 晶种并将其改性硅酸盐水泥，发现掺加水泥质量 0.5%的 C-S-H 晶种可将12 h 的抗压强度提高 2 倍，并且 3 d 龄期时的抗压强度依然有提高。R. Alizadeh 等[121]发现水化产物 C-S-H 的性能与合成 C-S-H 晶种时的原料有关，水化产物 C-S-H 的聚合度、组成与合成的 C-S-H 晶种有关，由于 C-S-H 的化学性能和力学性能与钙、硅物质的量比有关，选择性掺加某些结构的 C-S-H 晶种可有效提高力学性能和耐久性能。M. H. Hubler 等[122]用 C-S-H 晶种改性碱激发矿渣水泥，发现 C-S-H 由于晶核效应促使水化放热峰提前并且水化放热速率增大，1 d 龄期时的抗压强度增大。掺加 C-S-H 晶核的碱激发矿渣水泥的早期水化放热速率由成核和生长过程控制，且 C-S-H 晶核对碱激发矿渣水泥抗压强度的提高与养护条件紧密相关。在密封养护的条件下，浆体的抗压强度持续增长。在水中养护的条件下，化学收缩及自收缩引起的应力差导致裂纹的产生，抗压强度降低，在硅酸盐水泥中也观察到了相似的规律。J. F. Sun 等[123]合成了水化硅酸钙聚羧酸减水剂纳米复合材料(C-S-H/PCE)，并用其改性硅酸盐水泥，结果表明，PCE 可插层到 C-S-H 层间，且 PCE 的引入增大了 C-S-H 的层间距。C-S-H/PCE 纳米复合物的掺加提高了浆体的水化放热速率，早期抗压强度提高，但没有生成新的水化产物。

除了水化硅酸钙凝胶之外，单硫型水化硫铝酸钙也是普通硅酸盐水泥的水化产物。S. Xu 等[124]采用成核晶化隔离法合成了纯相的钙铝类水滑石并将其改性硅酸盐水泥混凝土，发现钙铝类水滑石的掺加促进了 C-S-H 的生成，掺量为水泥质量的 5%时可以将 1 d 龄期的抗压强度和抗折强度分别提高 61%和 71%，且 28 d 抗压强度依然有增长。

#### 1.3.2.3　非同晶结构纳米材料

用于改性硅酸盐水泥基材料的非同晶结构纳米材料主要包括碳纳米管、石墨烯、纳米 $TiO_2$、纳米蒙脱土、纳米 $Fe_2O_3$和纳米 CuO 等。

碳纳米管可以改善普通硅酸盐水泥浆体的微观结构，减小浆体的孔隙率，加速水泥浆体水化，很少的掺量即可提高抗压强度[125]。低含量的碳纳米管水泥复合材料具有更高的抗压强度和抗折强度[126-127]。当碳纳米管的掺量为 0.16%时，可以提高混凝土抗压强度达 40%以上，体积掺量为 0.78%时，劈裂强度可以提高 5.83%。研究发现，掺加 1%的纳米蒙脱土，可以改善高性能混凝土的微观结构，且纳米蒙脱土可以与氢氧化钙参与二次反应，提高了力学性能[128-129]。R. Zhang 等[130]研究发现 5%掺量的纳米 $TiO_2$ 可以使得硅酸盐水泥浆体 28 d 抗压强度提升 20%。0.02%的氧化石墨烯可以促进浆体的水化，促使水泥浆体 28 d 的抗压强度提高 13%[131-132]。

综上所述，普通硅酸盐水泥基材料与水化产物发生反应的纳米材料可以显著促进浆体的水化和提高早期抗压强度，但对后期抗压强度的影响存在争议；非同晶结构纳米材料虽然也能够促进浆体水化和提高早期抗压强度，但提升的能力相对较低，不能满足工程的需求。对于同晶结构的纳米材料，其能够显著提高浆体的水化速率，促进早期抗压强度的发展，且后期抗压强度依然增长，增强效果较好，是一类具有发展潜力的纳米材料。

### 1.3.3　体系环境对纳米材料性能的影响

纳米材料对水泥基材料性能的影响除了与纳米材料的特性(如粒径、晶型、组成等)有关外，还与纳米材料所处的体系环境有关。目前关于此方面的研究较少，如 F. Collins 等[133]研究了聚羧酸减水剂、萘系减水剂及木质素磺酸盐外加剂对碳纳米管与普通硅酸盐水泥浆体的工作性能及力学性能的影响，结果表明减水剂的类型影响纳米材料的性能，其原因可能是纳米材料与水泥浆体对减水剂产生了竞争吸附。碳纳米管对水泥基材料的影响受很多因素影响，如水灰比、超声、碳纳米管的掺量、碳纳米管的长径比以及外加剂的类型，经聚羧酸减水剂分散后的碳纳米管能够较好地提高水泥浆体的工作性能。

## 1.4　研究内容及技术路线

首先，针对硫铝酸盐水泥基注浆材料(CBGM)在抢修抢建、抗渗堵漏、隧道、巷道及地基的加固等特殊工程中存在的问题，采用纳米技术改性硫铝酸盐水泥基注浆材料，拟合成与水化产物具有同晶结构的高效纳米增强剂来改性水泥基注浆材料并探讨其改性机理。其次，研究纳米材料所处的体系环境（水灰比、减水剂、悬浮剂等）对其性能的影响规律并分析其影响机理。最后，优化注浆材料组成。具体研究内容如下：

（1）纳米类水滑石改性 CBGM 浆体研究

研究类水滑石的层板元素组成对硫铝酸盐水泥熟料水化硬化过程的影响，并优选材料种类；分析 LiAl-LDH 粒径和分散程度对硫铝酸盐水泥水化硬化过程的影响；研究纳米 LiAl-LDH 对CBGM 浆体水化硬化性能的影响，并从水化放热速率、水化产物生成量、水化产物形貌等方面解释其影响规律；基于早期水化动力学分析，结合层板元素影响，探索 LiAl-LDH 的改性机理。

（2）纳米钙矾石对 CBGM 浆体的改性研究

采用单因素试验研究原材料种类、溶剂组成、晶化时间、晶化温度、表面活性剂种类等因素对纳米钙矾石特性的影响；在单因素试验基础上，设计 3 因素 3 水平正交试验，考察柠檬酸掺量、晶化时间及晶化温度对钙矾石纯度及粒径的影响规律；选择不同特性的钙矾石，研究杂质的含量和钙矾石粒径对硫铝酸盐水泥基材料水化硬化的影响规律，并从水化放热速率、水化产物的类型及产量等方面解释了影响力学及凝结性能变化的原因，基于早期水化动力学分析提出纳米钙矾石的改性机理；以抗压强度和凝结时间等为评价指标，在纳米类水滑石和钙矾石中优选纳米材料。

（3）CBGM 组成对 LiAl-LDH 增强性能的影响研究

研究 CBGM 组成（减水剂的类型及掺量、钠基膨润土的掺量、水灰比）对纳米材料增强性能的影响规律，基于水化放热速率及放热总量，水化产物的类型、生成量、微观形貌、吸附量，流变参数测试等分析其影响机理。

（4）CBGM 组成优化研究

通过调整纳米材料、减水剂及悬浮剂掺量，优化 CBGM 组成；与碳酸锂在流变、凝结、稳定及力学性能方面进行对比。

本书的技术路线如图 1-2 所示。

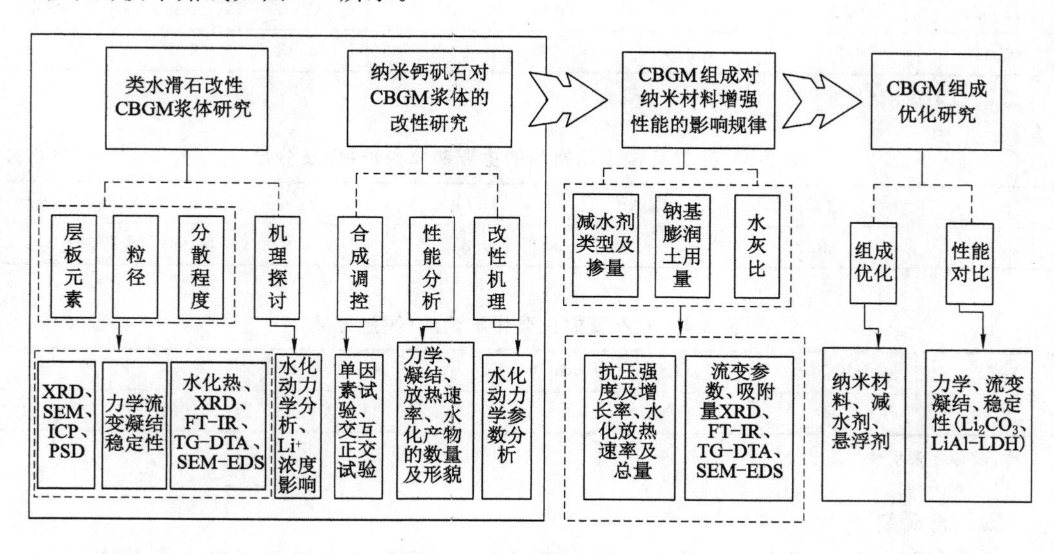


图 1-2　本书的技术路线图

# 2 试验原材料及方法

## 2.1 试验原材料

### 2.1.1 硫铝酸盐水泥基材料

(1) 胶凝组分

硫铝酸盐水泥购买自焦作华岩实业有限公司,其主要化学组成如表 2-1 所示。硫铝酸盐水泥基注浆材料(CBGM)的胶凝组分主要由硫铝酸盐水泥(CSA)熟料、硬石膏及生石灰组成。硫铝酸盐水泥熟料的化学及矿物组成、硬石膏的主要化学组成如表 2-2、表 2-3 及表 2-4 所示。石灰中氧化钙的有效含量为 70.3%,碳酸钙的有效含量为 7.35%。

表 2-1 硫铝酸盐水泥的主要化学组成(质量分数) 单位:%

| L. O. I | $SiO_2$ | $Fe_2O_3$ | $TiO_2$ | $Al_2O_3$ | CaO | MgO | $SO_3$ |
|---|---|---|---|---|---|---|---|
| 0.27 | 6.58 | 1.12 | 1.49 | 42.17 | 35.19 | 1.69 | 10.62 |

注:L. O. I 表示烧失量。

表 2-2 硫铝酸盐水泥熟料的主要化学组成(质量分数) 单位:%

| L. O. I | $SiO_2$ | $Fe_2O_3$ | $TiO_2$ | $Al_2O_3$ | CaO | MgO | $SO_3$ |
|---|---|---|---|---|---|---|---|
| 0.17 | 6.36 | 1.27 | 1.77 | 38.27 | 40.23 | 1.15 | 8.88 |

注:L. O. I 表示烧失量。

表 2-3 硫铝酸盐水泥熟料的主要矿物组成(质量分数) 单位:%

| $C_4A_3\bar{S}$ | $\beta$-$C_2S$ | $C_4AF$ | f-$SO_3$ | f-CaO | CaO · $TiO_2$ |
|---|---|---|---|---|---|
| 74.54 | 18.25 | 3.86 | 0.81 | 1.02 | 1.01 |

表 2-4 硬石膏的主要化学组成(质量分数) 单位:%

| L. O. I | $SiO_2$ | $Fe_2O_3$ | MgO | $Al_2O_3$ | CaO | $SO_3$ | 碱 |
|---|---|---|---|---|---|---|---|
| 6.14 | 1.04 | 0.18 | 2.64 | 0.23 | 38.63 | 50.11 | 0.12 |

注:L. O. I 表示烧失量。

(2) 减水剂

减水剂包含萘系减水剂和聚羧酸减水剂。其中,萘系减水剂购买自山东英泰建材有限公司,聚羧酸减水剂购买自河南楷澄新型材料有限公司。

(3) 悬浮剂

悬浮剂选用钠基膨润土,购买自河南信阳工业城同创膨润土厂,图 2-1 为钠基膨润土的 X 射线衍射(XRD)谱图。

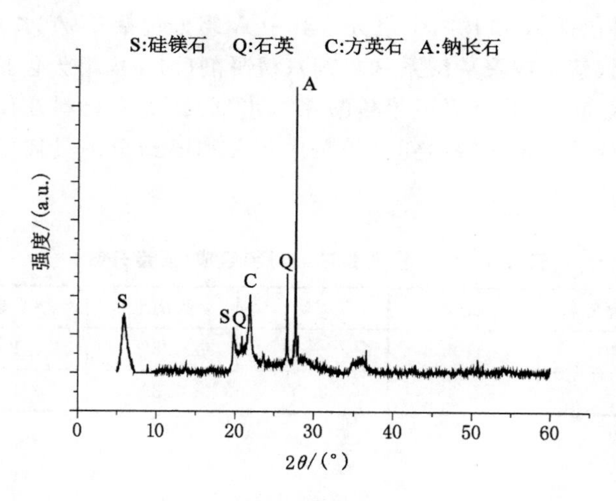


图 2-1 钠基膨润土的 XRD 谱图

(4) 缓凝剂

缓凝剂选用葡萄糖酸钠,购买自河南焦作协力建材有限公司。

### 2.1.2 纳米材料合成用原料

纳米材料合成用的主要试验试剂如表 2-5 所示。

**表 2-5 主要试验试剂**

| 试剂名称 | 规格 | 生产厂家 |
|---|---|---|
| 硝酸钙 | AR | 天津市北联精细化学品开发有限公司 |
| 十八水硫酸铝 | AR | 天津市科密欧化学试剂有限公司 |
| 氢氧化钠 | AR | 天津市北联精细化学品开发有限公司 |
| 柠檬酸 | AR | 天津市河东区红岩试剂厂 |
| 硝酸锂 | AR | 天津市科密欧化学试剂有限公司 |
| 九水硝酸铝 | AR | 天津市科密欧化学试剂有限公司 |
| 无水碳酸钠 | AR | 天津市科密欧化学试剂有限公司 |
| 无水乙醇 | AR | 天津市科密欧化学试剂有限公司 |
| 尿素 | AR | 天津市北联精细化学品开发有限公司 |
| 硝酸镁 | AR | 天津市北联精细化学品开发有限公司 |
| 硝酸锌 | AR | 天津市北联精细化学品开发有限公司 |
| 酒石酸 | AR | 天津市科密欧化学试剂有限公司 |
| 聚乙烯吡咯烷酮 | AR | 天津市科密欧化学试剂有限公司 |

## 2.2 CBGM 浆体制备

水泥基注浆材料包括 A 和 B 两个组分。其中 A 组分包括 CSA 水泥熟料、悬浮剂(钠基膨润土)、高效减水剂(萘系或聚羧酸系减水剂)、缓凝剂(M);B 组分包括石膏、生石灰、悬浮剂(钠基膨润土)、高效减水剂(萘系或聚羧酸系减水剂)。纳米材料在使用时溶解在高效减水剂溶液中,经超声分散 5 min 后掺到 B 组分中。A 和 B 组分的具体配比见表 2-6(水灰比为 0.8)。

**表 2-6 CSA 水泥基注浆材料组成(质量分数)**

| 组分 | CSA 水泥熟料 | 石膏 | M | 膨润土 | 萘系减水剂 | 缓凝剂 |
|---|---|---|---|---|---|---|
| A 液 | 91.40 | — | — | 6.88 | 1.47 | 0.25 |
| B 液 | — | 68.35 | 22.78 | 7.39 | 1.48 | — |

注:"—"表示无此物质。

## 2.3 试验方法

### 2.3.1 物理力学性能测试

#### 2.3.1.1 抗压强度测试

抗压强度反映了浆体硬化到一定龄期后的胶结能力,它是保证注浆质量的重要依据。采用 YAM-300/20 万能压力机,按照《水泥胶砂强度检验方法(ISO 法)》(GB/T 17671—1999)检测其抗压强度及抗折强度。具体方法如下:将 A、B 组分混合,搅拌均匀后注入预先组装好的模具中。振动 1 min 使得新拌浆体填充得更加密实,抹去多余浆体,放入水泥恒温恒湿养护室(温度 20 ℃±2 ℃,相对湿度≥90%)进行养护,到规定龄期进行测试。测得抗压强度后,取水泥石试块的中间部位,加入无水乙醇终止水化,干燥一定时间后研磨过 80 μm 方孔筛。

#### 2.3.1.2 凝结时间测试

浆体凝结时间采用水泥净浆的测试方法,仪器为标准稠度测定仪、试针和圆模。具体测试方法参照《水泥标准稠度用水量、凝结时间、安定性检验方法》(GB/T 1346—2011)。

#### 2.3.1.3 表观黏度测试

马氏漏斗法通过测量漏斗内水泥浆流出后装满 1 000 mL 容量瓶所需的时间来评价水泥浆体表观黏度。测试方法如下:首先用水来校准黏度,偏高或偏低都需要用水来校正,否则不能使用。水泥浆搅拌均匀,将水泥浆通过筛网注入黏度计的漏斗中,用手指堵住使浆液不能流出。放开手指时同时开动秒表,待水泥浆流满量杯时再按动秒表,记下水泥浆流出的时间,即马氏流出时间,其单位为秒。马氏流出时间越长,表明水泥浆体的表观黏度越大,流动性越低。

#### 2.3.1.4　泌水率测试

浆体泌水会使浆体组分均匀性变差，影响浆体的强度、抗冻性和抗渗性等。泌水性反映了浆体保水能力的大小。本书参考《普通混凝土拌合物性能试验方法标准》(GB/T 50080—2016)对浆体泌水率进行测试，计算方法如下：

$$B = \frac{V_W}{(W/m_T) \times m} \times 100 \tag{2-1}$$

$$m = m_1 - m_0 \tag{2-2}$$

式中，$B$ 为泌水率，%；$V_W$为泌水总量，mL；$m$ 为试样质量，g；$W$ 为浆材总用水量，mL；$m_T$ 为浆材总质量，g；$m_1$为试样筒及试样总质量；$m_0$为试样筒质量。

计算应精确至 1%，泌水率取 3 个试样测试值的平均值。如果 3 个测试值中的任意数值与中间值之差低于中间值的 15%，则以中间值为试验结果；相反，则此次试验无效。

### 2.3.2　微观性能测试

#### 2.3.2.1　流变参数测试

塑性黏度和屈服应力是反映水泥浆体流变特性的两个重要参数。本书采用 NXS-11A 型旋转黏度计测试流变参数。测试过程中，外筒固定，内筒以一定的角速度旋转，带动内外筒之间的浆料发生分层转动。在旋转稳定后，各层浆料对旋转轴的动量矩保持恒定。因此，外筒对各层作用的力偶与各层浆料间的力偶数值相等，该值可以由吊丝的扭转角读出。

#### 2.3.2.2　吸附量测试

减水剂在水泥浆体颗粒表面的吸附量可通过测试掺加水泥前后减水剂溶液中的有机碳浓度的变化来表征。采用德国艾力蒙塔公司生产的 vario 总有机碳分析仪来测定总有机碳浓度。其测试过程如下：

① 按照抗压强度成型时的原料配比制备浆体，并将混合均匀的水泥浆体立即倒入离心管中，以 10 000 r/min 的转速离心 5 min，收集离心后的上层液体，经 0.45 μm 孔径的滤膜过滤，得到透明的待测液体；

② 取 5～10 mL 过滤液，掺加适量去离子水将其碳浓度稀释为 20～50 mg/L；

③ 取一定体积的稀释液并测试其有机碳浓度，根据去离子水的量计算未稀释前过滤液中的有机碳浓度 $C_1$，即吸附后的有机碳含量；

④ 根据步骤①～③，测试一定浓度减水剂的有机碳浓度 $C_0$，即吸附前的有机碳含量；

⑤ 为排除水泥中有机碳的干扰，制备与上述水泥浆体具有相同水灰比的参比水泥浆体并测试其有机碳浓度 $C_2$。

减水剂在水泥表面吸附的比例可根据式(2-3)求得：

$$R = 1 - (C_1 - C_2)/C_0 \tag{2-3}$$

根据吸附比例，结合测试时原料的配比，可计算出减水剂在水泥颗粒表面的吸附量。

#### 2.3.2.3　水化热测试

采用美国 TA 公司生产的 TAM air 8 通道等温量热仪表征浆体的水化放热过程，试验精度为 20 μW。测试前，将拌和均匀的原料倒入 20 mL 安培瓶中并放入绝热通道内，针状注射器抽入试验需要的用水量，仪器在 20 ℃下平衡一定时间后记录水泥的水化放热速率。

#### 2.3.2.4 X射线衍射测试

采用德国布鲁克生物科技公司生产的 D8 Advance X 射线衍射仪(Cu Kα 射线:0.154 06 nm,扫描速度为 10°/min,步长为 0.02,扫描范围为 5°~60°)对浆体的水化产物进行物相分析。本测试方法用来检测水泥浆体水化产物的物相和合成的纳米材料的物相。

#### 2.3.2.5 傅立叶红外光谱测试

采用德国布鲁克生物科技公司生产的 V70 傅立叶光谱仪(扫描范围:400~4 000 $cm^{-1}$)鉴定浆体水化产物的主要官能团的吸收振动。具体操作步骤如下:将浸泡在无水乙醇中的硬化水泥样品干燥一定时间后研磨过 80 μm 筛。取一定量的样品与光谱纯溴化钾混合,且样品与溴化钾的质量比为 1∶100,在压片机上进行压片操作后放入光谱仪中进行测试。

#### 2.3.2.6 热分析测试

本书使用了两种热分析仪器。仪器在测试前需要提前预热 30 min 以上。采用法国塞塔拉姆仪器公司生产的热分析仪 24TG/DSC 对样品进行热重分析和示差扫描量热分析,测试过程采用 Ar 气氛,以 10 ℃/min 升温速度加热至 900 ℃;采用北京恒久科学仪器厂生产的微机差热天平对样品进行热重分析和差热分析,以 10 ℃/min 升温至 900 ℃。

#### 2.3.2.7 元素分析测试(ICP)

样品溶解于水与硝酸按体积比 1∶1 配制的稀硝酸后配制成浓度范围为 $10^{-6}$~$10^{-5}$ mol/L 的待测溶液。采用美国珀金埃尔默仪器有限公司成产的 Optima 7000DV 进行样品的元素分析,测定样品中金属元素含量和比例。

#### 2.3.2.8 扫描电子显微镜(SEM)和 X 射线能谱仪(EDS)

取干燥的块状样品,将其固定于导电胶上,经喷金处理后,在卡尔·蔡司公司生产的 SEM-EDS 下进行形貌和物相分析。

#### 2.3.2.9 透射电子显微镜(TEM)

将制备得到纳米粉末研磨后过 80 μm 筛,取少量的样品溶于乙醇溶液中,并超声处理 30 min,此后取两滴液体滴于有铜网支撑的碳膜上,采用 JEOL JEM-2100 透射电子显微镜观测样品的形貌,测试时仪器的操作电压为 200 kV。

#### 2.3.2.10 粒径分布测试

采用英国马尔文仪器有限公司生产的 Zetasizer Nano 对样品的粒径分布进行表征。

# 3　纳米类水滑石改性 CBGM 浆体研究

水泥的很多水化产物，如单硫型水化硫铝酸钙(AFm)、水化铝酸钙 $C_2AH_8$ 及 $C_4AH_{13}$ 等，均属于类水滑石家族，具有典型的层状结构。类水滑石材料的层间距($c$ 轴方向)为纳米级，具有层板金属元素可调和粒径可调等特性。

本章主要内容如下：筛选类水滑石种类用于 CSA 水泥改性；研究二维纳米锂铝类水滑石(LiAl-LDH)粒径对 CSA 熟料水化硬化的影响规律；研究 LiAl-LDH 粒径(二维及零维)及分散程度对 CSA 水泥的水化硬化的影响规律；研究零维 LiAl-LDH 对硫铝酸盐水泥基注浆材料(CBGM)性能的影响规律，并探讨 LiAl-LDH 的改性机理。

## 3.1　用于增强 CSA 水泥的类水滑石的筛选

### 3.1.1　不同元素组成的类水滑石的制备方法及结构表征

#### 3.1.1.1　类水滑石的制备方法

称取一定质量的硝酸镁和硝酸铝，将两者溶于去离子水中配成混合盐溶液；称取一定质量的氢氧化钠和碳酸钠，配成混合碱溶液；将两种溶液迅速混合，剧烈循环搅拌 2～3 min 后将浆液在 100 ℃下回流晶化 5 h，然后用热水离心洗涤(8～10 次)至 pH 值为 7～8，得到镁铝类水滑石(MgAl-LDH)；将等物质的量的硝酸锌代替硝酸镁，重复上述工艺过程得到锌铝类水滑石(ZnAl-LDH)；将硝酸镁和硝酸锌混合物(物质的量比为 1∶1)等物质的量替代硝酸镁，重复上述工艺过程得到锌镁铝类水滑石(ZnMgAl-LDH)；将硝酸锂和硝酸铝的混合溶液替代上述混合盐溶液，将一定质量的氢氧化钠和碳酸钠配成混合碱溶液，重复上述工艺过程得到锂铝类水滑石(LiAl-LDH)。

#### 3.1.1.2　结构表征

不同元素组成的类水滑石的 XRD 谱图如图 3-1 所示，制备的产物均出现了类水滑石的特征衍射峰，并且与文献[134,135]一致，说明成功合成了纯净的 LiAl-LDH、MgAl-LDH、ZnMgAl-LDH、ZnAl-LDH。类水滑石的衍射峰很强并且峰形明显，表明类水滑石的结晶度良好并且结构有序。由于类水滑石材料具有纳米级的层间距，因此 $c$ 轴方向(001 方向)的晶粒尺寸可由式(3-1)进行计算：

$$L=\frac{0.89\lambda}{\beta(\theta)\cos\theta} \tag{3-1}$$

式中，$L$ 为平均晶粒尺寸；$\lambda$ 为 X 射线衍射波长；$\theta$ 为布拉格衍射角；$\beta$ 为半高宽。

LiAl-LDH、MgAl-LDH、ZnMgAl-LDH、ZnAl-LDH 类水滑石在 $c$ 轴方向的平均晶

粒尺寸分别为 39.4 nm、35.8 nm、43.3 nm 和 43.5 nm，如表 3-1 所示，表明 ZnAl-LDH 和 ZnMgAl-LDH 在$c$轴方向的晶粒尺寸相近且最大，LiAl-LDH 的尺寸次之，MgAl-LDH 的尺寸最小。

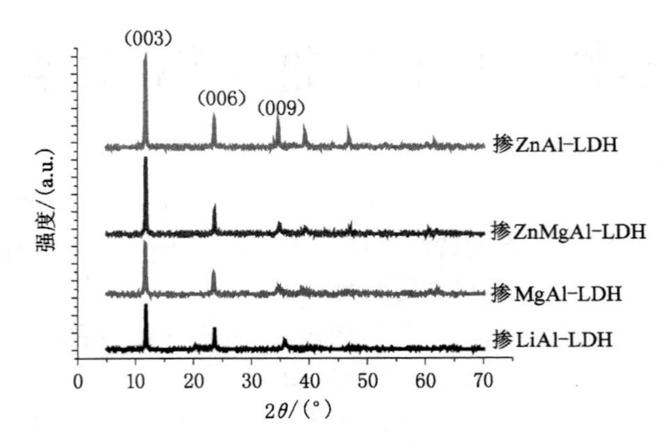


图 3-1　类水滑石的 XRD 谱图

**表 3-1　类水滑石的元素分析(ICP)测试和晶粒尺寸**

| | $Mg^{2+}$浓度/(mg/L) | $Zn^{2+}$浓度/(mg/L) | $Al^{3+}$浓度/(mg/L) | $Li^{+}$浓度/(mg/L) | $c$ 轴晶粒尺寸/nm |
|---|---|---|---|---|---|
| MgAl-LDH | 34.94 | — | 19.81 | — | 35.8 |
| ZnMgAl-LDH | 15.12 | 41.43 | 17.56 | — | 43.3 |
| ZnAl-LDH | — | 88.63 | 18.78 | — | 43.5 |
| LiAl-LDH | — | — | 22.80 | 2.99 | 39.4 |

注：$c$ 轴方向的晶粒尺寸由谢勒公式计算得到；“—”表示无。

不同元素组成的类水滑石的粒径分布如图 3-2 所示，可以看到，LiAl-LDH、MgAl-LDH、ZnMgAl-LDH、ZnAl-LDH 的 $D_{50}$ 分别为 505 nm、471 nm、489 nm 和 465 nm，不同元素的类水滑石只有一个维度处于纳米级，属于二维纳米材料。元素分析(ICP)测试表明 MgAl-LDH 中镁、铝元素物质的量比约为 2∶1，ZnAl-LDH 中锌、铝元素物质的量比约为 2∶1，ZnMgAl-LDH 中锌、镁、铝元素物质的量比约为 1∶1∶1，LiAl-LDH 中铝、锂金属元素的物质的量比约为 2∶1(表 3-1)。

### 3.1.2　类水滑石对 CSA 水泥浆体抗压强度的影响

类水滑石改性 CSA 水泥浆体相对于参比水泥浆体(未掺加类水滑石的浆体)的抗压强度比如表 3-2 所示。四种类水滑石的掺加均能显著提高浆体 1 d 龄期的抗压强度，且 28 d 及 60 d 的抗压强度也有增加。1 d 龄期时，掺加 LiAl-LDH、MgAl-LDH、ZnMgAl-LDH 和 ZnAl-LDH 的水泥浆体与参比水泥浆体的抗压强度比分别为 236%、163%、148%和 139%，表明 LiAl-LDH 具有较强的提升 CSA 水泥浆体抗压强度的能力，其次为 MgAl-LDH、ZnMgAl-LDH 及 ZnAl-LDH。3 d、7 d、28 d 及 60 d 龄期硬化浆体的抗压强度数据也具有相同的影响规律。不同元素组成的类水滑石对 CSA 水泥浆体抗压强度的影响不同，说明类水滑石的层板元素组成影响其抗压强度提高能力。

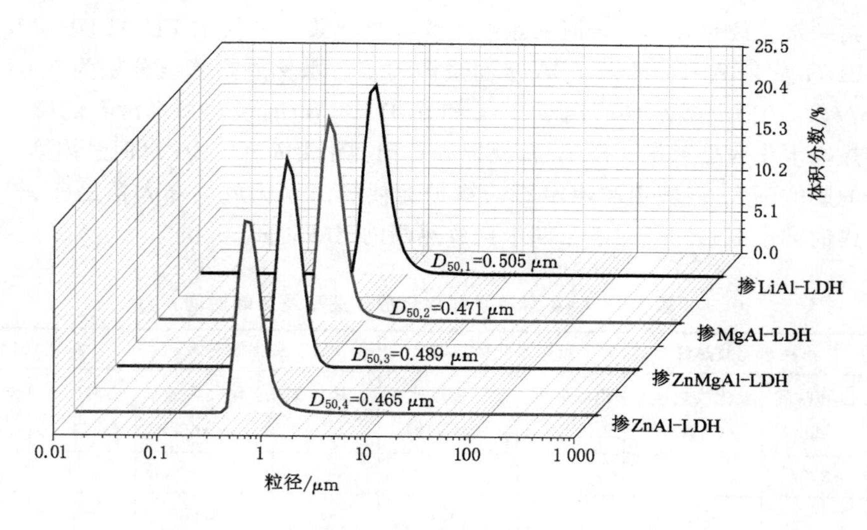


图 3-2 类水滑石的粒径分布

**表 3-2 类水滑石改性 CSA 水泥浆体相对于参比水泥浆体的抗压强度比** 单位：%

| 龄期 | 掺加 ZnAl-LDH | 掺加 ZnMgAl-LDH | 掺加 MgAl-LDH | 掺加 LiAl-LDH |
|---|---|---|---|---|
| 1 d | 139 | 148 | 163 | 236 |
| 3 d | 106 | 114 | 120 | 193 |
| 7 d | 119 | 127 | 130 | 138 |
| 28 d | 112 | 120 | 122 | 124 |
| 60 d | 103 | 110 | 121 | 126 |

## 3.1.3 类水滑石对 CSA 水泥浆体早期水化的影响

不同元素组成的类水滑石的水化放热速率曲线如图 3-3 所示。类水滑石的掺加对 CSA

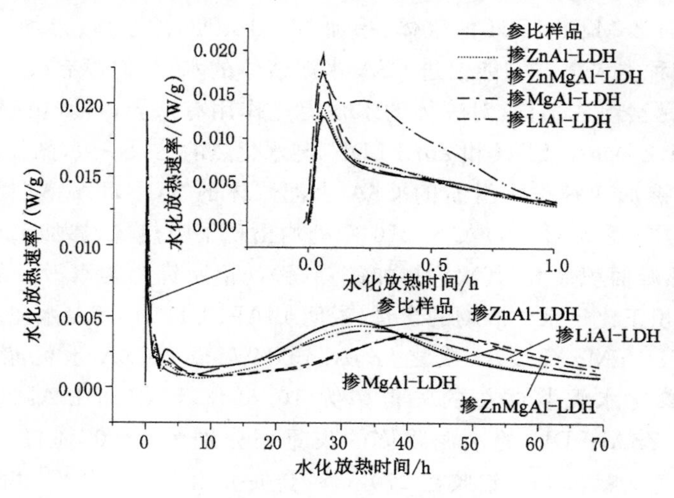


图 3-3 CSA 水泥的水化放热速率曲线

水泥浆体第一水化放热峰的出峰时间影响不大。参比浆体和掺加 LiAl-LDH、MgAl-LDH、ZnMgAl-LDH 及 ZnAl-LDH 的 CSA 水泥浆体的第一水化放热峰值分别为 0.012 4 W/g、0.019 6 W/g、0.017 6 W/g、0.014 1 W/g 和 0.013 2 W/g，说明类水滑石的掺加提高了第一水化放热峰水化放热速率。镁铝、锌镁铝和锌铝类水滑石对 CSA 水泥浆体第二及第三水化放热峰的影响不大，但锂铝类水滑石的掺加促使第二水化放热峰大幅提前(表 3-3)。不同元素组成的类水滑石均延迟了第四水化放热峰的出峰时间。

**表 3-3 CSA 水泥浆体水化放热速率及出峰时间**

| 编号 | 第一水化放热峰 | | 第二水化放热峰 | | 第三水化放热峰 | | 第四水化放热峰 | |
|---|---|---|---|---|---|---|---|---|
| | 出峰时间/min | 水化放热速率/(mW/g) | 出峰时间/h | 水化放热速率/(mW/g) | 出峰时间/h | 水化放热速率/(mW/g) | 出峰时间/h | 水化放热速率/(mW/g) |
| 参比样品 | 3.3 | 12.4 | 1.2 | 2.2 | 3.5 | 2.6 | 31.6 | 4.7 |
| 锂铝 | 2.9 | 19.6 | 0.3 | 14.2 | 34.1 | 4.0 | — | — |
| 镁铝 | 3.0 | 17.6 | 1.6 | 3.1 | 3.4 | 2.1 | 43.5 | 3.9 |
| 锌镁铝 | 2.9 | 14.1 | 1.4 | 3.7 | 3.4 | 1.7 | 42.9 | 3.7 |
| 锌铝 | 3.3 | 13.2 | 1.5 | 2.8 | 3.3 | 1.6 | 33.4 | 4.4 |

注:“—”表示无放热峰。

总之，类水滑石的掺加提高了浆体早期水化放热速率，与镁铝、锌镁铝、锌铝类水滑石相比，锂铝类水滑石具有更为优异的加速水泥浆体水化的能力。

### 3.1.4 类水滑石对 CSA 水泥浆体微观结构的影响

7 d 龄期时，参比浆体及掺加不同元素组成类水滑石的 CSA 水泥浆体的 XRD 和 TG-DTA 谱图如图 3-4 所示。CSA 水泥浆体的主要水化产物包括钙矾石、单硫型水化硫铝酸钙等。可以看出，不同层板元素组成的类水滑石均没有改变 CSA 水泥浆体的水化产物。XRD 谱图中出现了未反应完全的无水硫铝酸钙的衍射峰，且衍射峰的强弱顺序为参比水泥浆体、掺加 ZnAl-LDH 的浆体、掺加 ZnMgAl-LDH 的浆体、掺加 MgAl-LDH 的浆体、掺加 LiAl-LDH 的浆体。以上结果表明，四种类水滑石均能促进 CSA 水泥浆体的水化，但没有改变水化产物的种类。类水滑石的层板元素组成不同，对浆体的水化促进作用有差异，且其由强到弱顺序为 LiAl-LDH、MgAl-LDH、ZnMgAl-LDH 和 ZnAl-LDH，与水化热的结果一致(图 3-3)。

参比浆体及掺加四种类水滑石的 CSA 水泥浆体的 TG-DTA 谱图如图 3-4(b)所示。DTA 曲线在 110 ℃、145 ℃、180 ℃及 270 ℃处均出现了吸热峰，掺加 LiAl-LDH 的水泥浆体，其铝胶的吸热峰面积最大，其次为掺加镁铝、锌镁铝及锌铝类水滑石的浆体。由于水化产物的吸热峰面积正比于水化产物的含量，说明 LiAl-LDH 对 CSA 水泥水化的促进作用最强，MgAl-LDH 及 ZnMgAl-LDH 次之，ZnAl-LDH 最弱。CSA 水泥浆体的 TG 曲线如图 3-4(b)所示，参比水泥浆体总的失重率为 10.52%，而掺加 LiAl-LDH、MgAl-LDH、ZnMgAl-LDH及 ZnAl-LDH 的水泥浆体的失重率分别为 12.07%、11.71%、10.93%和 10.87%。根据相关文献，1 mol 铝胶在 270 ℃时会失去 1.5 mol 水[136]，对 CSA 水泥浆体中铝胶的含量进行定量分析，可以得到参比浆体和掺加 LiAl-LDH、MgAl-LDH、ZnMgAl-

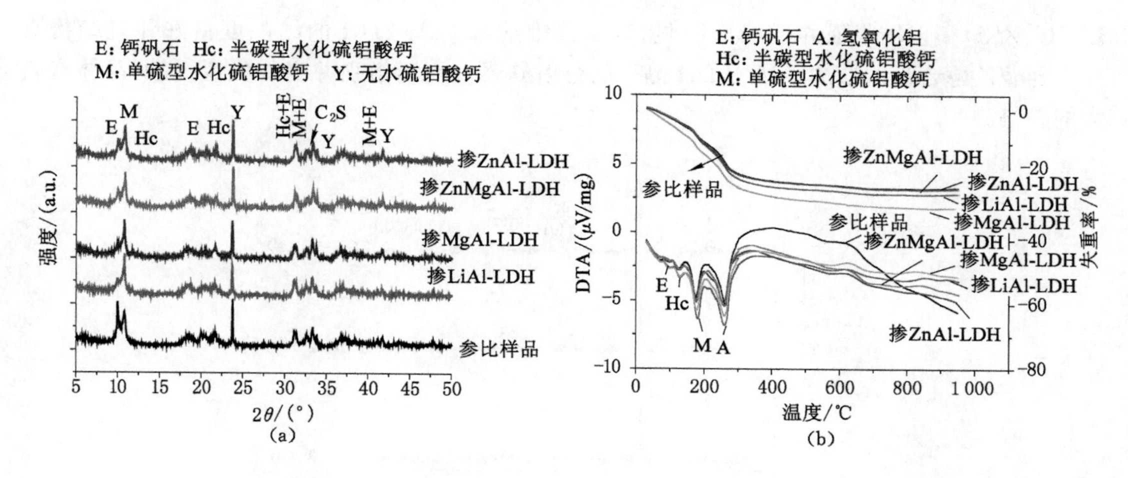


图 3-4 CSA 水泥浆体的 XRD 和 TG-DTA 谱图

(a) XRD 谱图；(b) TG-DTA 谱图

LDH 及 ZnAl-LDH 中铝胶的含量分别为 30.395%、34.858%、33.843%、32.252% 和 31.395%。可以看出，掺加 LiAl-LDH 的浆体产生的铝胶最多，其后依次为掺加镁铝、锌镁铝、锌铝类水滑石的浆体，参比浆体中铝胶的含量最少。

## 3.2 二维纳米 LiAl-LDH 粒径对 CSA 水泥水化硬化规律的影响研究

通过 3.1 节的研究可知，锂铝类水滑石具有较好的促进 CSA 水泥水化及增大抗压强度的能力，因此后续研究将围绕二维纳米 LiAl-LDH 进行。纳米材料粒径对其性能有影响，本节研究二维纳米 LiAl-LDH 粒径对 CSA 水泥水化硬化规律的影响。

### 3.2.1 二维纳米 LiAl-LDH 的制备方法及结构表征

#### 3.2.1.1 制备方法

采用溶剂热法合成二维纳米 LiAl-LDH。将 3 份 0.005 mol $Al(NO_3)_3 \cdot 9H_2O$、0.015 mol $LiNO_3$ 和 0.065 mol 尿素的混合物分别溶解在 100 mL 组成不同的水醇混合溶剂中，其中水与乙醇的体积比分别为 3∶1、1∶1 和 1∶3。首先将溶液在室温下磁力搅拌 20 min，然后转移到聚四氟乙烯的水热反应釜中，密封反应容器，放入 120 ℃烘箱反应 24 h。产品经过多次水洗直至 pH 值为 7，然后 100 ℃干燥 24 h，即制备得到二维纳米 LiAl-LDH 样品。将在水醇体积比为3∶1、1∶1 和 1∶3 的溶剂中制备得到的二维纳米 LiAl-LDH 样品分别记为 LDH-1、LDH-2 和 LDH-3。

#### 3.2.1.2 结构表征

不同水醇体积比时制备的二维纳米 LiAl-LDH 的 XRD 谱图如图 3-5 所示。三种产物均出现了(002)、(004)、(016)、(017)、(330)等特征衍射峰，并且与粉末洐射标准联合会(JCPDS)发布的标准谱图 No. 42-0729 一致，说明水醇体积比不同的 3 种溶剂中均生成了纯净的 LiAl-

LDH。XRD衍射峰很强并且峰形明显，表明二维纳米 LiAl-LDH 的结晶度良好并且结构有序。随着乙醇含量的增加，LiAl-LDH 晶体的衍射峰强度逐渐增强并变得尖锐，说明晶体有长大的趋势。

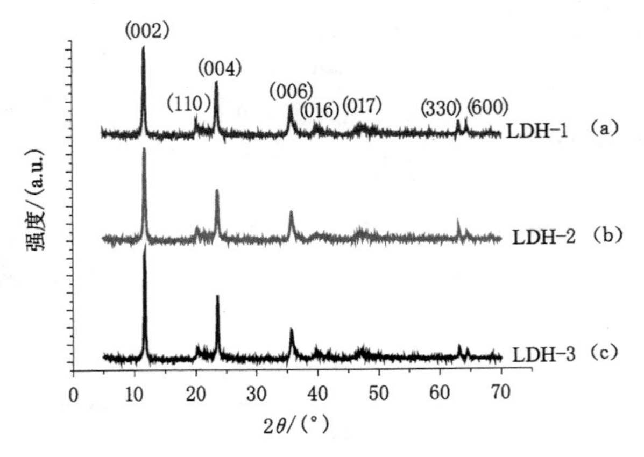


图 3-5　不同水醇体积比时制备的 LiAl-LDH 的 XRD 谱图

(a) 3∶1;(b) 1∶1;(c) 1∶3

不同水与醇体积比时制备的锂铝水滑石的 SEM 图像如图 3-6 所示。图 3-6(a)为水与醇体积比为 3∶1 的溶剂中合成的 LiAl-LDH 的 SEM 图像，可以看到很多尺寸在 1～2 μm 的LiAl-LDH。当乙醇的体积分数增加到 50%时，由图 3-6(b)可以看出，LiAl-LDH 尺寸增加，粒径为 2～4 μm。当乙醇的体积分数增加到 75%时[图 3-6(c)]，制备了粒径为 10～15 μm 的 LiAl-

图 3-6　不同水醇体积比时制备的锂铝水滑石的 SEM 图像

(a) 3∶1;(b) 1∶1;(c) 1∶3

LDH。由于乙醇的黏度和表面张力与水不同，通过改变溶剂的比例，控制离子的扩散速率，可以形成不同粒径的 LiAl-LDH。3 种 LiAl-LDH 的粒径分布曲线如图 3-7(a)所示。LDH-1、LDH-2 及 LDH-3 的平均粒径分别为 1.516 μm、2.849 μm 和 12.057 μm，与 SEM 图片(图 3-6)趋势一致。图 3-7(b)为 LiAl-LDH 的累计粒径分布曲线，可以看出，LDH-1 样品中约有 90%的 LiAl-LDH 粒径小于 2 μm；LDH-2 样品中约有 95%的 LiAl-LDH 粒径小于 4 μm；LDH-3 样品中约有 90%的 LiAl-LDH 粒径小于 18 μm。元素分析测试(ICP)表明，3 种 LiAl-LDH 具有相似的锂铝比，分别为 0.527 2、0.533 0 和 0.515 8。

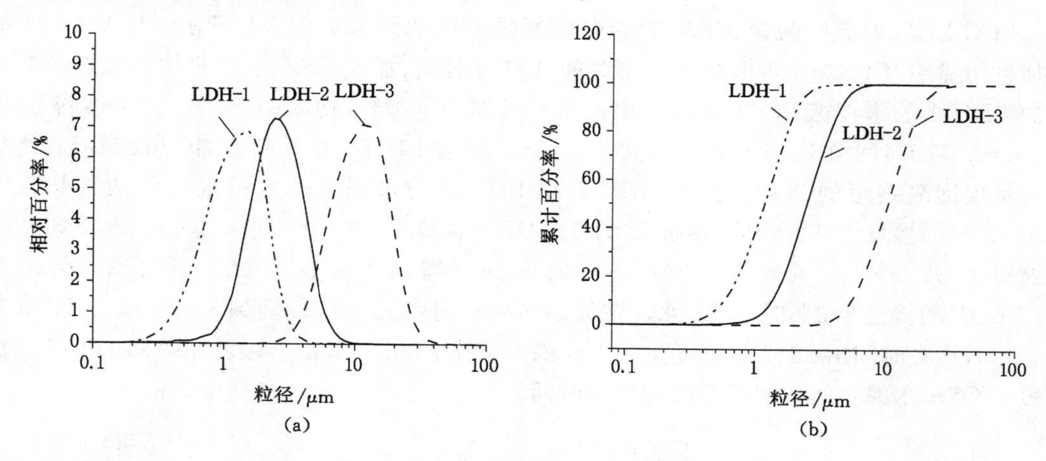


图 3-7 LiAl-LDH 的粒径分布曲线

(a) 相对百分率；(b) 累计百分率

## 3.2.2 二维纳米 LiAl-LDH 对浆体抗压强度的影响

掺加 LiAl-LDH 的 CSA 水泥浆体与参比浆体(未掺加 LiAl-LDH)1 d、3 d、7 d 及 28 d 龄期时的抗压强度比如表 3-4 所示。1 d 龄期时，当 LiAl-LDH 的掺量为 CSA 水泥熟料质量的 1%时，掺加 LDH-1、LDH-2 及 LDH-3 浆体与参比浆体的抗压强度比分别为 216%、202%和 105%；当 LiAl-LDH 的掺量增加到 3%时，掺加 LDH-1、LDH-2 及 LDH-3 浆体的抗压强度进一步提高，其与参比浆体的抗压强度比分别为 278%、267%和 130%。可以看出，1 d 龄期时随着 LiAl-LDH 掺量的增大，CSA 水泥浆体的抗压强度呈现增大的趋势。同样，3 d、7 d 及 28 d 龄期时也呈现相似的趋势。与其他龄期相比，28 d 龄期时抗压强度的增加幅度相对较低。

**表 3-4 改性 CSA 水泥浆体相对于参比浆体的抗压强度比** 单位：%

| 龄期 | 掺加 LDH-1 | | 掺加 LDH-2 | | 掺加 LDH-3 | |
|---|---|---|---|---|---|---|
| | 1%掺量 | 3%掺量 | 1%掺量 | 3%掺量 | 1%掺量 | 3%掺量 |
| 1 d | 216 | 278 | 202 | 267 | 105 | 130 |
| 3 d | 126 | 159 | 120 | 145 | 117 | 136 |
| 7 d | 121 | 158 | 114 | 149 | 108 | 144 |
| 28 d | 109 | 106 | 105 | 119 | 111 | 108 |

1 d 龄期时，当 LiAl-LDH 的掺量为水泥熟料质量的 1%或 3%时，与 LDH-2 和 LDH-3 相比，掺加 LDH-1 的 CSA 水泥浆体产生了最大的抗压强度。类似的，3 d、7 d 及 28 d 龄期时也呈现相似的趋势。也就是说，粒径较小的 LiAl-LDH 产生了较高的抗压强度。

总之，LiAl-LDH 的掺加提高了 CSA 水泥浆体各个龄期的抗压强度，且 LiAl-LDH 的粒径越小，掺量越高，对 CSA 水泥的促进作用越强。

### 3.2.3 二维纳米 LiAl-LDH 对浆体凝结时间的影响

LiAl-LDH 对硫铝酸盐(CSA)熟料浆体凝结时间的影响如图 3-8 所示。LiAl-LDH 的掺加可明显缩短 CSA 水泥浆体的初凝时间和终凝时间，加速 CSA 水泥浆体的凝结。对于掺加 LDH-1 的水泥浆体，随着掺量由 0.5%增加到 3.0%，初凝时间由 7.3 min 缩短到 3.4 min，终凝时间由 13.5 min 缩短到 5.2 min。随着 LDH-1 掺量的增加，初凝时间和终凝时间呈现逐渐缩短的趋势。掺加 LDH-2 和 LDH-3 的水泥浆体也呈现相似的趋势。当 LiAl-LDH的掺量为 0.5%时，掺加 LDH-1、LDH-2、LDH-3 的 CSA 水泥浆体的初凝时间分别缩短了 33.6%、40.0%、38.2%，终凝时间分别缩短了 39.1%、52.4%、52.4%。当 LiAl-LDH的掺量为 3%时，CSA 水泥浆体的初凝时间由 11 min 缩短到 3.5 min、3.8 min 和 4.2 min，终凝时间由 22 min 缩短到 5.2 min、5.8 min 和 7.3 min。总之，LiAl-LDH 的掺加缩短了 CSA 水泥浆体的初凝时间和终凝时间。

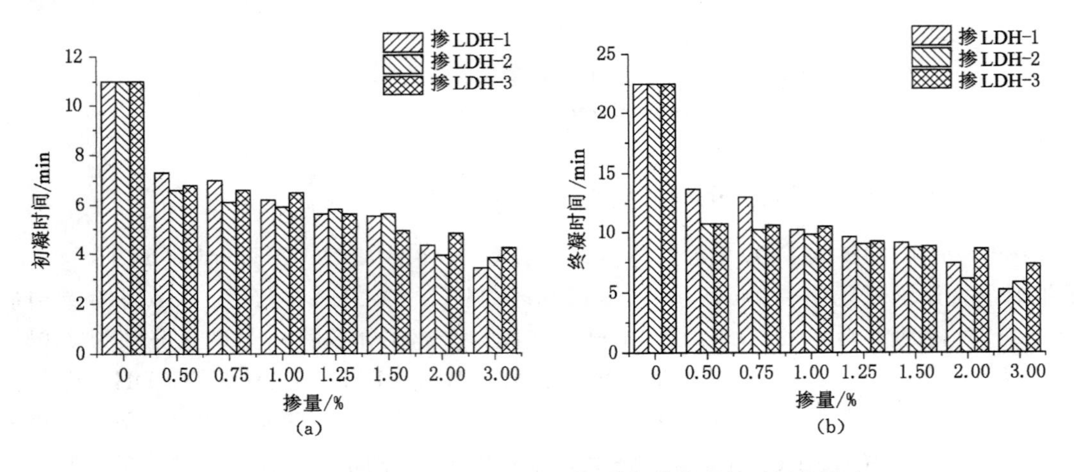


图 3-8 不同粒径 LiAl-LDH 对 CSA 熟料浆体凝结时间的影响

(a) 初凝时间；(b) 终凝时间

### 3.2.4 二维纳米 LiAl-LDH 对浆体早期水化的影响

LiAl-LDH 对 CSA 水泥浆体水化历程的影响如图 3-9 和图 3-10 所示。图 3-9(a)表示的是参比浆体与掺加水泥质量 1%的 LiAl-LDH 对 CSA 水泥浆体水化放热速率的影响。参比浆体、掺加 LDH-3、掺加 LDH-2 及掺加 LDH-1 的 CSA 水泥浆体的第一水化放热峰的峰值分别为 0.015 6 W/g、0.016 8 W/g、0.017 6 W/g 和 0.018 8 W/g。当 LiAl-LDH 掺量增加到水泥质量的 3%时，参比浆体和掺加 LDH-3、掺加 LDH-2 及掺加 LDH-1 的 CSA 水泥浆体的第一水化放热峰的峰值分别为 0.015 6 W/g、0.017 2 W/g、0.019 8 W/g 和 0.026 9 W/g。可见，LiAl-

LDH 掺量的增加提高了第一水化放热峰的水化放热速率。不同粒径 LiAl-LDH 对第一水化放热峰的出峰时间影响不大，促使第二水化放热峰的出峰时间延迟，且粒径越小，出峰时间越长，放热速率越低（表 3-5）。

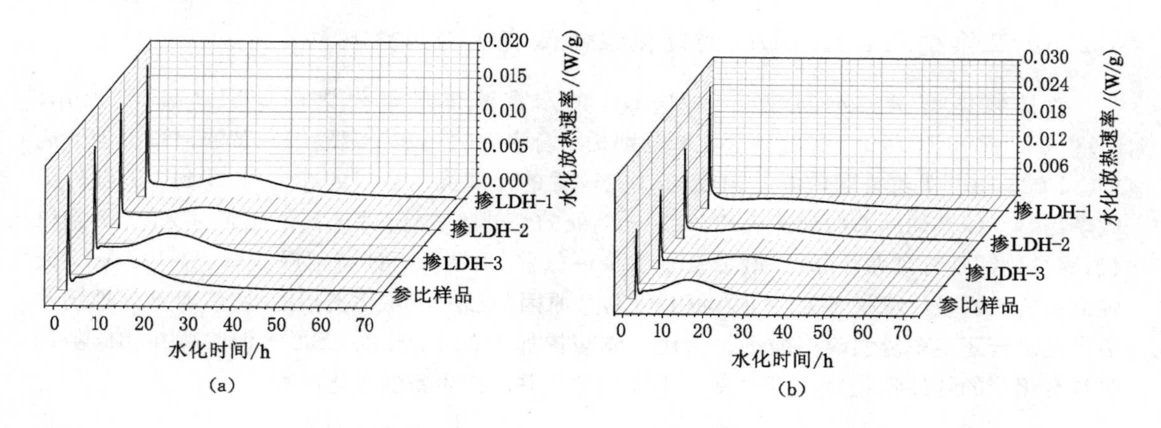


图 3-9　掺加三种粒径 LiAl-LDH 的 CSA 水泥浆体的水化放热速率

(a) 1%；(b) 3%

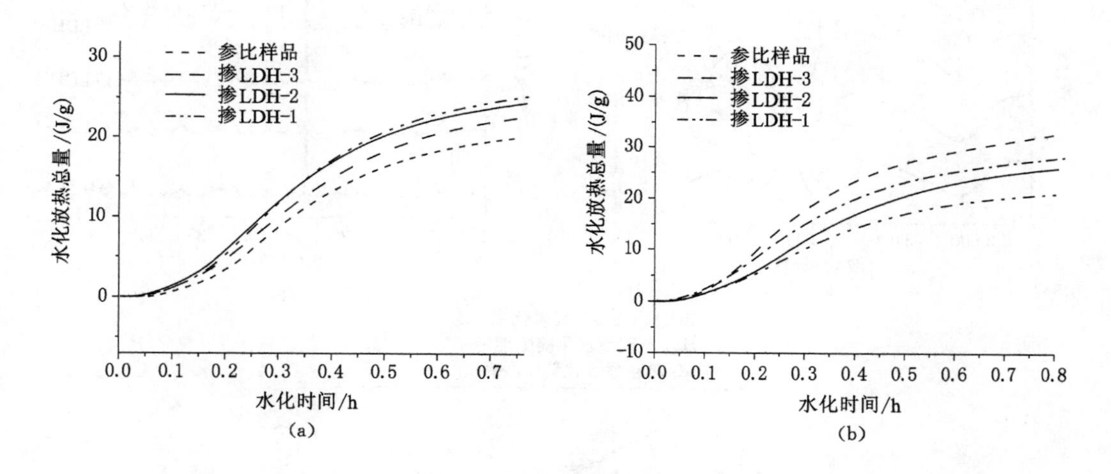


图 3-10　掺加三种粒径 LiAl-LDH 的 CSA 水泥浆体的早期水化放热总量

(a) 1%；(b) 3%

**表 3-5　CSA 水泥浆体水化放热速率、出峰时间及水化放热总量**

| 编号 | 第一水化放热峰 | | 第二水化放热峰 | | 水化放热总量/(J/g) |
|---|---|---|---|---|---|
| | 出峰时间/min | 水化放热速率/(mW/g) | 出峰时间/h | 水化放热速率/(mW/g) | |
| 参比样品 | 15.7 | 15.5 | 12.8 | 4.3 | 345.4 |
| LDH-1(掺量 1%) | 14.0 | 18.5 | 20.2 | 2.7 | 359.1 |
| LDH-2(掺量 1%) | 14.3 | 17.6 | 18.9 | 2.9 | 360.0 |
| LDH-3(掺量 1%) | 15.6 | 16.8 | 17.6 | 3.7 | 369.4 |

LiAl-LDH 对 CSA 水泥浆体早期水化放热总量的影响如图 3-10 所示。LiAl-LDH 提高了 CSA 水泥浆体早期的水化放热总量，但粒径的变化对水化放热总量的影响无明显变化规律。

### 3.2.5　二维纳米 LiAl-LDH 对硬化浆体微观结构的影响

参比浆体与掺加不同粒径 LiAl-LDH 的水泥浆体的红外谱图如图 3-11(a)所示。3 630 $cm^{-1}$和 3 460 $cm^{-1}$处红外吸收峰分别是结合水中的羟基及铝胶中羟基的伸缩振动造成的。1 022 $cm^{-1}$处红外吸收峰是铝胶的 Al—O 键的伸缩振动造成的[137]。522 $cm^{-1}$处红外吸收峰是 Si—O 键的伸缩振动造成的，877 $cm^{-1}$处的红外吸收峰，由于其他元素对 Al 的少量取代，而导致钙矾石对称性降低，谱带发生了少许位移，为钙矾石的特征吸收峰。1 115 $cm^{-1}$处强而尖的红外吸收峰是 $SO_4^{2-}$ 的振动引起的，其原因是形成了水化硫铝酸钙，然而不能准确判断是钙矾石还是单硫型硫铝酸钙。参比浆体与掺加 LiAl-LDH 的 CSA 水泥浆体在相同龄期时具有相同的红外吸收峰，说明 LiAl-LDH 的加入并未产生新的水化产物。

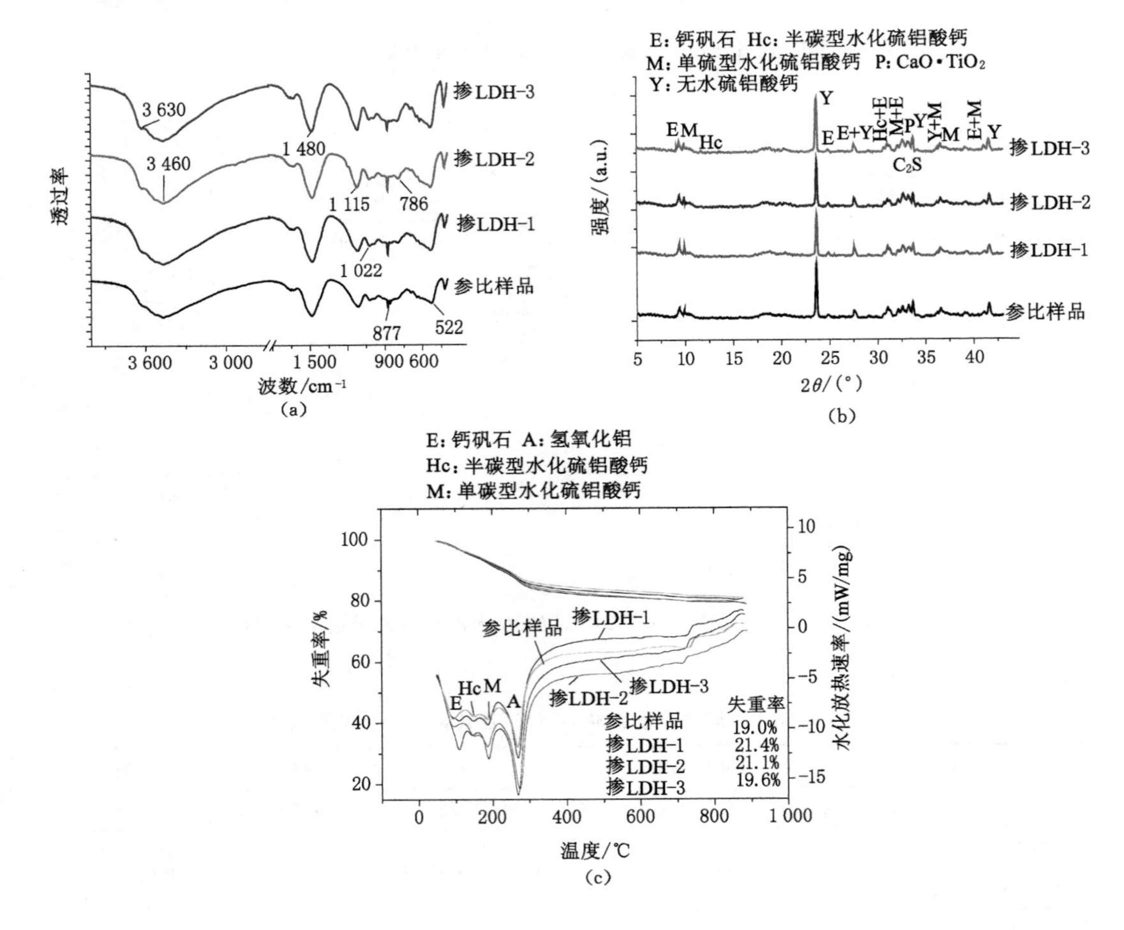


图 3-11　掺加 LiAl-LDH 的 CSA 水泥浆体的微观结构分析

(a) 红外谱图；(b) XRD 谱图；(c) TG-DSC 曲线

参比浆体及掺加 LiAl-LDH 改性的 CSA 水泥浆体的 XRD 谱图如图 3-11(b)所示。1 d 龄期时浆体的主要的水化产物是钙矾石、单硫型水化硫铝酸钙等。由于铝胶是无定型物质，XRD 谱图上没有出现其特征衍射峰。LiAl-LDH 的掺加，没有产生新的水化产物。当掺加 1%的 LiAl-LDH 时，与参比浆体相比，无水硫铝酸钙的衍射峰峰值降低，且 LiAl-LDH 的粒径越小，无水硫铝酸钙的衍射峰峰值越低，说明 LiAl-LDH 加速了 CSA 水泥浆体的水化，使得更多的无水硫铝酸钙发生了反应，并且 LiAl-LDH 的粒径越小，对浆体的水化促进作用越显著。

参比浆体及掺加 1%LiAl-LDH 的 CSA 水泥浆体的 TG-DSC 曲线如图 3-11(c)所示。1 d 龄期时，DSC 曲线在 110 ℃、145 ℃、180 ℃、270 ℃处均出现了吸热峰，其中 110 ℃处的吸热峰是钙矾石脱去晶格水造成的，145 ℃和 180 ℃处的吸热峰分别是半碳型水化碳铝酸钙和单硫型水化硫铝酸钙脱去晶格水造成的。270 ℃处的吸热峰主要是铝胶的脱羟基作用所导致的。可以看出，掺加的 LiAl-LDH 的粒径越小，水化产物的吸热峰面积越大，而吸热峰面积正比于水化产物的含量，说明掺加的 LiAl-LDH 的粒径越小，对 CSA 水泥浆体水化的促进作用越强。1 d 龄期的 TG 曲线如图 3-11(c)所示，参比水泥浆体总的失重率为 19.0%，而掺加 LDH-1、LDH-2、LDH-3 的水泥浆体的失重率分别为 21.4%、21.1%和 19.4%。可见，随着类水滑石粒径尺寸的减小，失重率增大，即粒径最小的 LiAl-LDH (LDH-1)具有最强的促进 CSA 水泥浆体水化的能力。

### 3.2.6　CSA 水泥浆体性能与水化、微观结构之间的关系

#### 3.2.6.1　CSA 水泥浆体凝结时间与水化放热总量之间的关系

CSA 水泥浆体水化放热总量与凝结时间之间的关系如表 3-6 所示。当 LiAl-LDH 掺量为 CSA 水泥熟料质量的 3%时，掺加 LDH-1、LDH-2 和 LDH-3 浆体的水化初凝时间分别为 3.4 min、3.8 min 和 4.2 min，此时对应的浆体的水化放热总量分别为 0.556 J/g、0.557 J/g 及 0.560 J/g；浆体的终凝时间分别为 5.2 min、5.8 min 和 7.3 min，对应的水化放热总量为 2.265 J/g、2.261 J/g 和 2.267 J/g。可以看出，CSA 水泥浆体掺加不同粒径的 LiAl-LDH 时，其初凝和终凝时所放出的水化放热总量相近，说明 LiAl-LDH 提供了水化产物形成时的成核位，促使更多的反应物生成了水化产物，这是 CSA 水泥浆体凝结时间缩短的主要原因。

**表 3-6　CSA 水泥浆体水化放热总量与凝结时间的关系**

| 掺量(3%) | 初凝时间/min | 水化放热总量/(J/g) | 终凝时间/min | 水化放热总量/(J/g) |
|---|---|---|---|---|
| LDH-1 | 3.4 | 0.556 | 5.2 | 2.265 |
| LDH-2 | 3.8 | 0.557 | 5.8 | 2.261 |
| LDH-3 | 4.2 | 0.560 | 7.3 | 2.267 |

#### 3.2.6.2　CSA 水泥浆体抗压强度与水化产物生成量之间的关系

在 250 ℃左右，1 mol 铝胶发生热失重失掉 1.5 mol 水分子。根据上述结论得到可以计算得到参比浆体和掺加 LDH-3、LDH-2 及 LDH-1 浆体中铝胶的含量分别为 18.625%、21.360%、20.842%及 19.778%。CSA 水泥浆体抗压强度和水化产物生成量的关系如表 3-7 所示。

**表 3-7　CSA 水泥浆体铝胶生成量与抗压强度的关系(龄期 1 d)**

| | 参比样品 | 掺加 LDH-1 | 掺加 LDH-2 | 掺加 LDH-3 |
|---|---|---|---|---|
| 铝胶含量/% | 18.625 | 21.360 | 20.842 | 19.778 |
| 抗压强度/MPa | 2.9 | 6.2 | 5.8 | 3.0 |

可以看出,LiAl-LDH 的掺加提高了水化浆体中铝胶的含量,且 LiAl-LDH 粒径越小,铝胶的含量越高。也就是说,LiAl-LDH 提高了浆体中水化产物的生成总量。当有 LiAl-LDH 存在时,其提供了水化产物结晶时的成核位,且 LiAl-LDH 粒径越小,表面能越大,越容易成为晶体结晶时的成核位,促使更多的分子具有参与反应的能力,生成更多的水化产物,从而产生了更高的抗压强度。

## 3.3　零维纳米 LiAl-LDH 粒径及分散程度对 CSA 水泥水化硬化规律的影响

在 3.2 节中,将二维纳米 LiAl-LDH 材料(粒径为 1～15 μm)掺加到 CSA 水泥中,发现该材料对 CSA 水泥具有非常显著的增强作用,LiAl-LDH 的粒径越小,对 CSA 水泥的水化硬化促进作用越明显。为提高纳米材料的性能,拟进一步减小纳米材料的粒径,但纳米材料粒径越小,比表面积越大,在实际使用过程中越容易发生团聚现象,导致其性能下降。因此,研究纳米材料的粒径及分散程度对其性能的影响具有重要的意义。

本章节拟合成零维纳米 LiAl-LDH,以纳米粉末和纳米浆料的形式改性 CSA 水泥,并与二维纳米 LiAl-LDH 粉末进行对比,研究 LiAl-LDH 对 CSA 水泥水化硬化规律的影响,并通过水化热、XRD 及 TG-DTA 测试分析其影响规律。

### 3.3.1　零维纳米 LiAl-LDH 的制备、结构表征及分散

#### 3.3.1.1　零维纳米 LiAl-LDH 的制备

零维纳米 LiAl-LDH 采用成核晶化隔离法合成。将硝酸铝和硝酸锂溶解在配置好的水溶液中(A 液),碳酸钠和氢氧化钠溶解在相同体积的水溶液中(B 液)。按照相同速率把 A 液和 B 液滴加到全返混液膜反应器中,返混 2～3 min 后将得到的浆液 95 ℃回流晶化 5 h,经过水洗离心至中性,即制备得到 LiAl-LDH 浆料,记为 SLDH-j;浆料经 50 ℃干燥 48 h,研磨后得到的样品为 LiAl-LDH 粉末,记为 SLDH-p。

#### 3.3.1.2　零维纳米 LiAl-LDH 的结构表征

成核晶化隔离法制备的 LiAl-LDH 的 XRD 谱图如图 3-12 所示。产物出现了(002)、(004)、(016)、(017)、(330)等特征衍射峰,并且与粉末衍射标准联合会(JCPDS)发布的标准谱图 No. 42-0729 一致,说明生成了纯净的 LiAl-LDH。XRD 谱图中的衍射峰很强并且峰形对称性较好,表明 LiAl-LDH 的结晶度良好并且结构有序。

二维及零维纳米 LiAl-LDH 的 SEM 图像如图 3-13 所示。二维 LiAl-LDH 采用溶剂热法合成[图 3-13(a)],可以看到很多六方片状、粒径为 1～2 μm 的 LiAl-LDH。零维纳米 LiAl-LDH 采用成核晶化隔离法合成[图 3-13(b)],粒径约为 90 nm,分布均匀。元素分析测

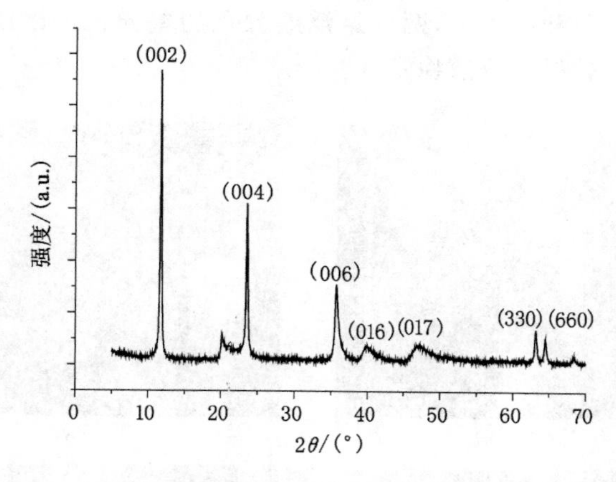


图 3-12 成核晶化隔离法制备 LiAl-LDH 的 XRD 谱图

试(ICP)表明两种 LiAl-LDH 具有相近的锂铝物质的量比,分别为 0.527 2 和 0.523 0。

(a) (b)

图 3-13 LiAl-LDH 的 SEM 图像

(a) 二维;(b) 零维

#### 3.3.1.3 零维纳米 LiAl-LDH 浆料与粉末的分散性能对比

纳米材料的粒径越小,表面能越大,团聚现象越容易发生。本小节拟在表面活性剂分散的基础上,经超声处理后对比纳米浆料与纳米粉末的分散性能。纳米浆料和粉末的区别在于前者不经过干燥处理,后者经过干燥处理。取相同质量的纳米 LiAl-LDH 浆料及粉末,分别溶于一定质量分数的萘系减水剂溶液中,配成 LiAl-LDH 含量为 20 g/L 的悬浊液。经 100 W 超声分散 5 min 后,通过沉降试验研究 LiAl-LDH 形态(浆料及粉末)对其分散性能的影响。

纳米 LiAl-LDH 浆料及粉末的沉降试验如图 3-14 所示。图中的干料指掺加干燥 LiAl-LDH 粉末的试验,湿料指掺加 LiAl-LDH 浆料的试验。5 min 后,可以看到掺加 LiAl-LDH 浆料及粉末的悬浮液均比较均匀。1 h 及 8 h 时,掺加 LiAl-LDH 浆料的悬浮液分散性较好,没有看到明显的沉淀现象,而此时掺加 LiAl-LDH 粉末的悬浮液中已有少量的 LiAl-LDH 粉末沉淀至容器底部。24 h 时,掺加 LiAl-LDH 浆料悬浮液的底部出现了少量的沉淀,而掺加 LiAl-LDH 粉末的悬浮液,其上方溶液比较透明,底部出现了较多的沉淀。LiAl-LDH 为白色粉末,表面活性剂溶液为棕褐色。掺加 LiAl-LDH 浆料、LiAl-LDH 粉末悬浮液的颜色分别呈现乳白色和棕褐色，两种悬浮液颜色的差异也可以说明 LiAl-LDH 浆料在表面活性剂溶液中具有较好的分散稳定性。

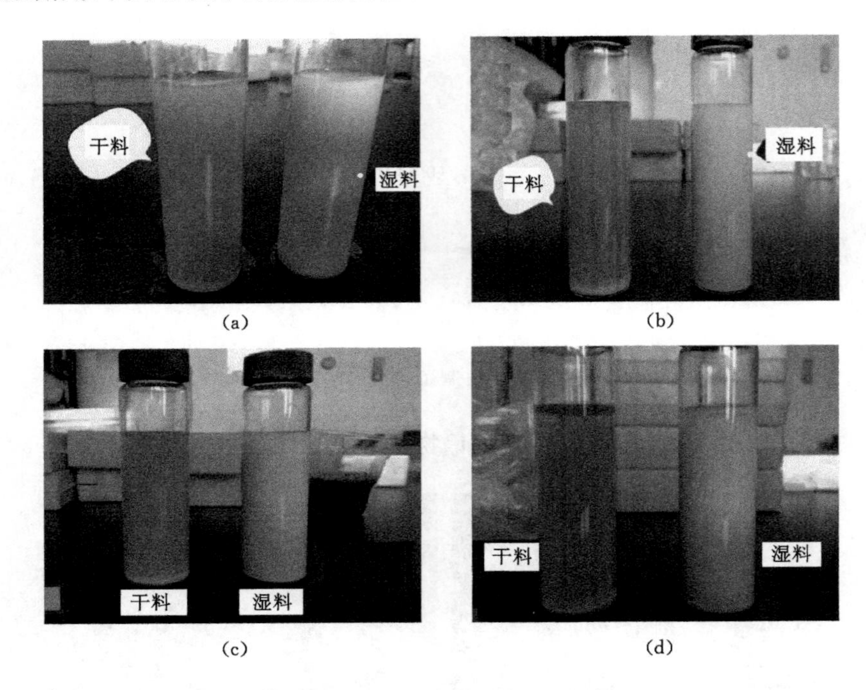


图 3-14　零维纳米 LiAl-LDH 浆料及粉末的沉降试验图

(a) 超声 5 min；(b) 超声 1 h；(c) 超声 8 h；(d) 超声 24 h

粉末的团聚一般分为软团聚和硬团聚。软团聚主要是粒子间存在的静电作用力和范德瓦尔斯力导致的[138]，可以通过机械作用或化学作用消除；硬团聚可能由多种因素导致，如毛细管力、氢键作用力、化学键作用力等。LiAl-LDH 表面存在大量架桥羟基，干燥过程会发生水分子的脱除，架桥羟基会转化为强度更高的桥氧键从而形成硬团聚。发生硬团聚的颗粒在水溶液中分散程度较差，这是纳米 LiAl-LDH 粉末与浆料呈现分散性能差异的主要原因。

### 3.3.2　零维纳米 LiAl-LDH 对浆体抗压强度的影响

参比浆体及掺加二维纳米 LiAl-LDH(LDH-1)粉末、零维纳米 LiAl-LDH 粉末(SLDH-p)、零维纳米 LiAl-LDH 浆料(SLDH-j)的 CSA 水泥浆体的抗压强度如图 3-15 所示。当掺加 CSA 水泥质量的 2%SLDH-p 时，改性浆体 1 d、3 d、7 d 及 28 d 的抗压强度分别为 20.57 MPa、24.87 MPa、27.86 MPa 及 35.81 MPa，抗压强度增长率分别为 66.8%、49.2%、41.1%及 37.8%。可以看出，SLDH-p 提高了浆体各个龄期的抗压强度。相似的，与参比浆体相比，经 LDH-1 及 SLDH-j 改性的浆体不同龄期时其抗压强度均有提高。

1 d 龄期时，参比浆体和掺加 LDH-1、SLDH-p 及 SLDH-j 浆体的抗压强度分别为 12.33 MPa、14.76 MPa、20.57 MPa 及 25.41 MPa。可以看出，纳米 LiAl-LDH 的掺加均提高了 CSA 水泥浆体的抗压强度，且粒径越小，抗压强度越高，分散性越好，对浆体抗压强度提升作用越强。3 d、7 d 及 28 d 时也呈现相似的规律。

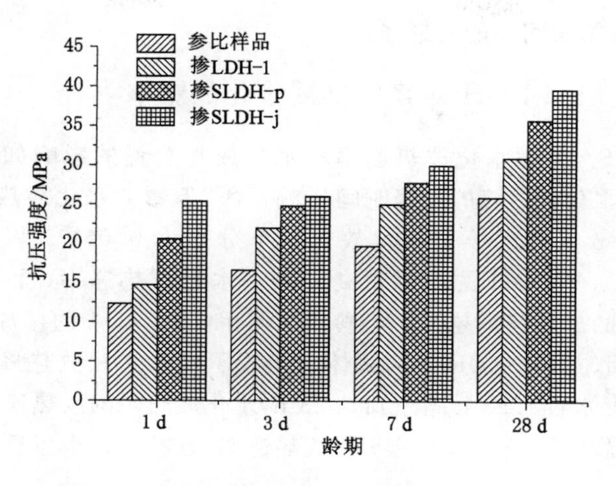


图 3-15 参比及改性 CSA 水泥浆体的抗压强度

### 3.3.3 零维纳米 LiAl-LDH 对浆体凝结时间的影响

参比浆体和掺加二维纳米 LiAl-LDH 粉末(LDH-1)、零维纳米 LiAl-LDH 粉末(SLDH-p)及零维纳米 LiAl-LDH 浆料(SLDH-j)的 CSA 水泥浆体的凝结时间如图 3-16 所示。

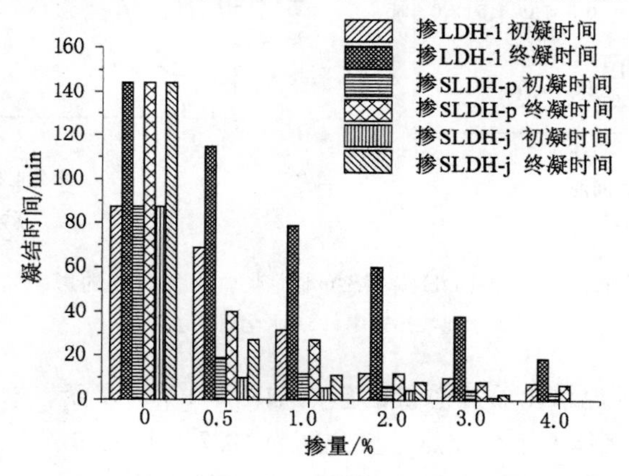


图 3-16 参比及改性 CSA 水泥浆体的凝结时间

参比浆体的初凝时间和终凝时间分别为 87.3 min 和 144.2 min，当掺加 1%的 LDH-1、SLDH-p 及 SLDH-j 时，CSA 水泥浆体的初凝时间缩短为 31.5 min、11.8 min 及 5.4 min，终凝时间缩短为 78.6 min、27.1 min 及 11.1 min；当掺加 3%的 LDH-1、SLDH-p 及 SLDH-j 时，CSA 水泥浆体的初凝时间缩短为 12.8 min、4.3 min 及 1.0 min，分别缩短了 85.3%、95.1%及 98.9%，终凝时间缩短为 38.0 min、8.0 min 及 2.5 min，分别缩短了 73.6%、94.5%及98.3%；掺加 4%的 LDH-1、SLDH-p 时，凝结时间继续缩短，掺加 4%SLDH-j 的 CSA 水泥浆体由于凝结很快而无法测量初凝时间和终凝时间。可以看出，随着 LiAl-LDH 掺量的增加，CSA 水泥的初凝时间和终凝时间逐渐缩短，且缩短 CSA 水泥凝结时间的由强到弱顺序依次为零维纳米 LiAl-LDH 浆料(SLDH-j)、零维纳米 LiAl-LDH 粉末(SLDH-p)、二维纳米 LiAl-LDH 粉末(LDH-1)，说明 LiAl-LDH 的粒径越小，凝结时间越短，分散性越好，缩短 CSA 水泥凝结时间的能力越强。

### 3.3.4 零维纳米 LiAl-LDH 对浆体早期水化的影响

LiAl-LDH 对 CSA 水泥水化放热速率和水化放热总量的影响如图 3-17 所示。LiAl-LDH 的掺加对第一水化放热峰的出峰时间影响不大，但影响水化放热速率。参比浆体、掺加 LDH-1 及 SLDH-p 浆体的第一水化放热速率分别为 0.004 9 W/g、0.005 9 W/g 和 0.006 5 W/g，可见 LiAl-LDH 的掺加提高了第一水化放热速率，且 LiAl-LDH 的粒径越小，第一水化放热峰的放热速率越高。与参比浆体相比，LDH-1 的掺加缩短了第二、第三水化放热峰的出峰时间，掺加 SLDH-p 的浆体只出现了两个水化放热峰，且第二水化放热峰的出峰时间由参比浆体的 1.98 h 缩短到 0.23 h，水化放热峰的放热速率大幅提高。以上现象说明 LiAl-LDH 提高了 CSA 水泥的水化放热速率，且粒径越小越显著。

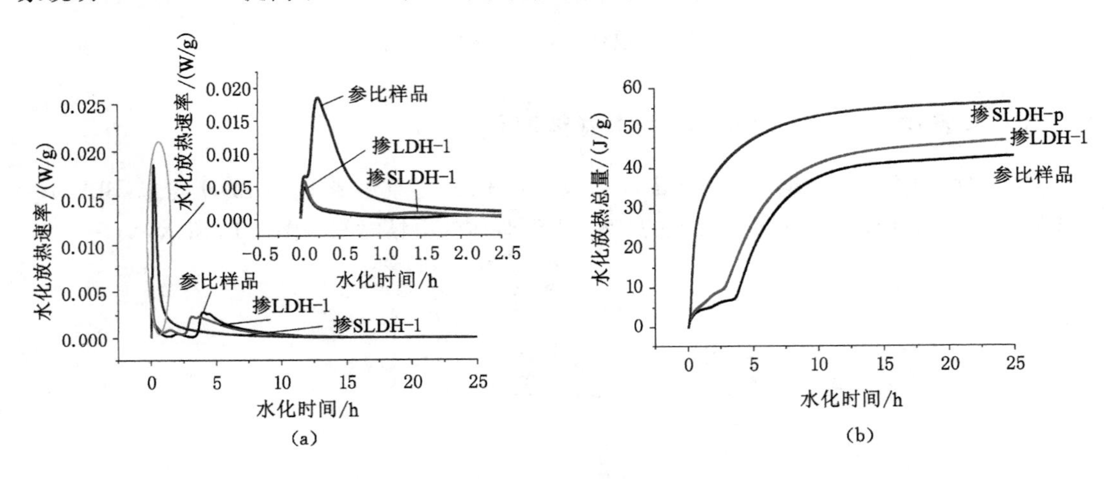


图 3-17 LiAl-LDH 对 CSA 水泥浆体水化放热的影响

(a) 水化放热速率；(b) 水化放热总量

LiAl-LDH 对 CSA 水泥水化放热总量的影响如图 3-17(b)所示。参比浆体、掺加 LDH-1 及 SLDH-p 的 CSA 水泥浆体的水化放热总量分别为 42.744 J/g、46.734 J/g 及 56.217 J/g，说明 LiAl-LDH 促进了 CSA 水泥浆体水化的进行，且粒径较小的 SLDH-p 具有较强的促进浆体水化的能力。

### 3.3.5 零维纳米 LiAl-LDH 对硬化浆体微观结构的影响

LiAl-LDH 对 CSA 水泥硬化浆体水化产物的 XRD 谱图和 TG-DTA 谱图如图 3-18 所示。1 d 时，XRD 谱图中参比浆体与掺加 LiAl-LDH 的水泥硬化浆体的出峰位置相同，说明 LiAl-LDH 的掺加未改变浆体水化产物的种类。

XRD 谱图出现了钙矾石、$CAH_{10}$、碳酸钙、无水硫铝酸钙的衍射峰，说明 CSA 水泥浆体的主要水化产物是钙矾石及 $CAH_{10}$。与参比浆体相比，掺加 LDH-1、SLDH-p 及 SLDH-j 的 CSA 水泥浆体中无水硫铝酸钙的衍射峰强度逐渐降低，钙矾石的衍射峰强度逐渐升高，说明 LiAl-LDH 的掺加促进了 CSA 水泥浆体的水化，生成了更多的水化产物，且粒径越小，分散性越好，促进作用越显著。

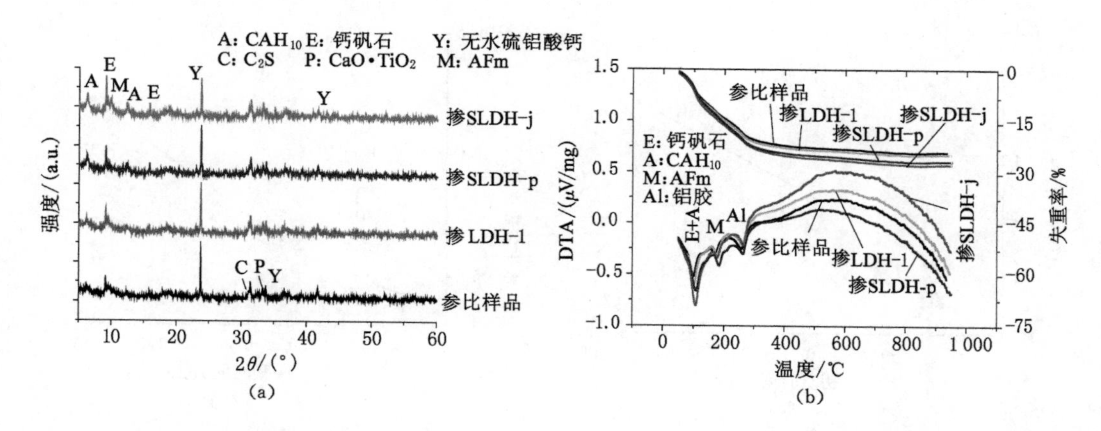


图 3-18　参比浆体与掺加 LiAl-LDH 的 CSA 水泥浆体的 XRD 谱图和 TG-DTA 谱图
(a) XRD 谱图；(b) TG-DTA 谱图

CSA 水泥水化产物的 TG-DTA 谱图如图 3-18(b)所示。1 d 龄期时，DTA 曲线在 110 ℃、180 ℃及 270 ℃位置处出现了吸热峰。110 ℃位置处吸热峰是钙矾石及 $CAH_{10}$ 脱去晶格水所导致的，180 ℃及 270 ℃位置处吸热峰分别是由于单硫型水化硫铝酸钙脱去晶格水及铝胶的脱羟基作用而产生的。TG 曲线中，参比浆体和掺加 LDH-1、SLDH-p 及 SLDH-j 的 CSA 水泥浆体中铝胶的失重率分别为 7.04%、7.17%、7.50%、7.94%，可以看出，随着 LiAl-LDH 粒径的减小，CSA 水泥浆体中铝胶的失重率增大，LiAl-LDH 分散性越好，CSA 水泥浆体中铝胶的失重率越高，说明较小粒径的 LiAl-LDH 有利于促进 CSA 水泥浆体的水化，且 LiAl-LDH 分散性越好，对浆体水化的促进作用越强，与 XRD 分析结果一致[图 3-18(a)]。

### 3.3.6　CSA 水泥浆体性能与放热总量、水化产物之间的关系

#### 3.3.6.1　CSA 水泥浆体凝结时间与水化放热总量之间的关系

LiAl-LDH 掺量为 CSA 水泥质量的 2%，参比浆体、掺加二维纳米 LiAl-LDH 粉末(LDH-1)及零维纳米 LiAl-LDH 粉末(SLDH-p)的初凝时间分别为 87.3 min、12.0 min 和 6.1 min，此时对应的浆体的放热总量分别为 4.864 J/g、2.474 J/g 及 1.706 J/g；浆体的终凝时间分别为 144.2 min、60.1 min 和 12.0 min，对应的水化放热总量为 6.214 J/g、5.595 J/g 及5.405 J/g。以 CSA 水泥浆体的凝结时间为横坐标，水化放热总量为纵坐标作图(图 3-19)，可以看出，随着 LiAl-LDH 粒径增大，凝结时间延长，水化放热总量降低；分散程度越好，凝结时间越短，水化放热总量越高。LiAl-LDH 通过促进浆体的水化缩短了凝结所需的时间。

#### 3.3.6.2　CSA 水泥浆体抗压强度与水化产物生成量之间的关系

参比浆体和掺加 2%LDH-1、SLDH-p 及 SLDH-j 的浆体中铝胶的含量分别为 7.04%、7.17%、7.50%及 7.94%。1 mol 铝胶在 270 ℃附近脱去 1.5 mol 的水，因此，铝胶在 CSA 水泥浆体中的实际含量分别为 20.33%、20.71%、21.66%、22.94%。

1 d 龄期时，参比浆体和掺加 2%LDH-1、SLDH-p 及 SLDH-j 浆体的抗压强度分别为 12.33 MPa、14.76 MPa、20.57 MPa、25.41 MPa。以 CSA 水泥浆体中铝胶的含量为横坐标，抗压强度为纵坐标作图(图 3-20)，可以看出，LiAl-LDH 粒径越小，分散程度越好，浆体

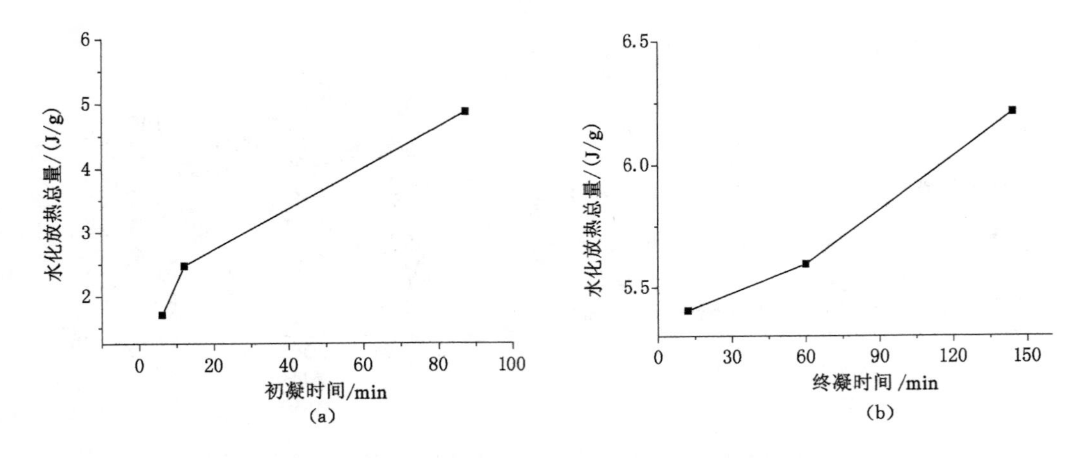


图 3-19　CSA 水泥浆体水化放热总量与凝结时间的关系

中水化产物的含量越高，抗压强度越大，说明浆体中水化产物生成量的增加是纳米 LiAl-LDH 提高浆体抗压强度的原因。

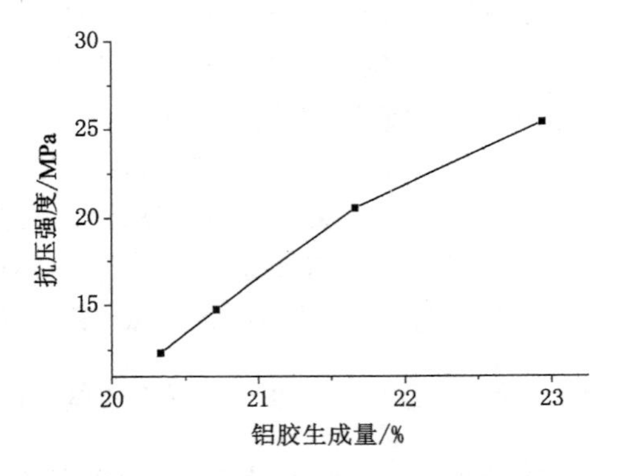


图 3-20　CSA 水泥浆体铝胶生成量与抗压强度的关系

## 3.4　零维纳米 LiAl-LDH 对 CBGM 浆体性能的影响研究

3.3 节研究了 LiAl-LDH 粒径及分散程度对 CSA 水泥水化硬化规律的影响，LiAl-LDH 粒径越小，分散性能越好，对 CSA 水泥浆体水化硬化性能的促进作用越明显。本节拟研究零维纳米 LiAl-LDH 浆料对 CBGM 浆体性能的影响规律。

### 3.4.1　零维纳米 LiAl-LDH 对 CBGM 浆体抗压强度的影响

LiAl-LDH 对 CBGM 浆体抗压强度的影响如图 3-21 所示。与参比浆体相比，当掺加 CBGM 质量 0.5%的 SLDH-j 时，4 h、1 d、3 d、7 d 和 28 d 的抗压强度增长率分别为 67.60%、46.08%、17.68%、27.17%、23.76%。当掺加 1.0%、2.0%、3.0%、4.0%的 SLDH-j 时，浆体的抗压强度也呈现增长的趋势。可见，LiAl-LDH 的掺加提高了 CBGM 浆体各个龄期的抗压强度。在 4 h 龄期时，掺加 1.0% SLDH-j 可使得 CBGM 浆体的抗压强度提高 122.10%，当

SLDH-j 的掺量增加到 4.0%时，改性浆体的抗压强度提高了 153.90%。可见，随着 LiAl-LDH 掺量的增加，CBGM 浆体的抗压强度呈现增大趋势。1 d、3 d、7 d、28 d 时，类水滑石的掺量对 CBGM 浆体的抗压强度的影响呈现相似的规律。

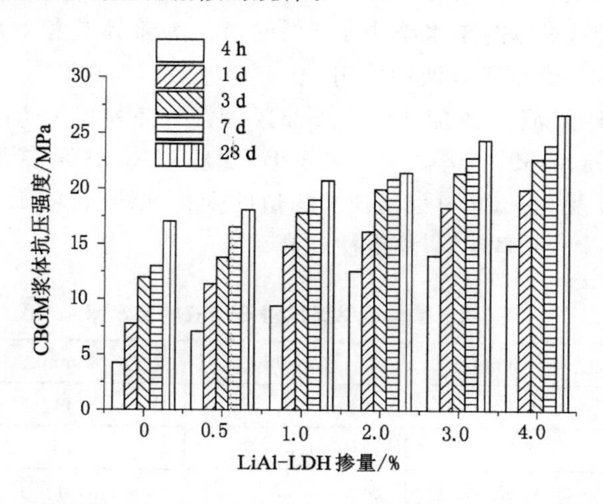


图 3-21　LiAl-LDH 对 CBGM 浆体抗压强度的影响

### 3.4.2　零维纳米 LiAl-LDH 对 CBGM 浆体凝结时间的影响

LiAl-LDH 对 CBGM 浆体凝结时间的影响如图 3-22 所示。由图 3-22 可以看出，LiAl-LDH 的掺加可以缩短 CBGM 浆体的初凝时间和终凝时间。与参比 CBGM 浆体（不掺加纳米材料的浆体）相比，当掺加 CBGM 质量 0.5%的 SLDH-j 时，浆体的初凝时间和终凝时间分别缩短了 22.8%和 40.6%，初凝时间及终凝时间间隔为 13.1 min；当掺加 1.5%的 SLDH-j 时，初凝时间和终凝时间则分别缩短了 40.6%和 48.3%，初凝时间及终凝时间间隔为12.2 min；当 SLDH-j 的掺量为 4%时，初凝时间和终凝时间分别为 3.8 min 和 12.4 min，分别缩短了 62.4%和 64.8%，初凝时间及终凝时间间隔为 8.6 min。可见，SLDH-j 的掺加，缩短了浆体的初凝时间和终凝时间，初凝时间和终凝时间的间隔缩短，且 SLDH-j 掺量越高，浆体的初凝时间和终凝时间越短，初凝时间和终凝时间间隔越小。

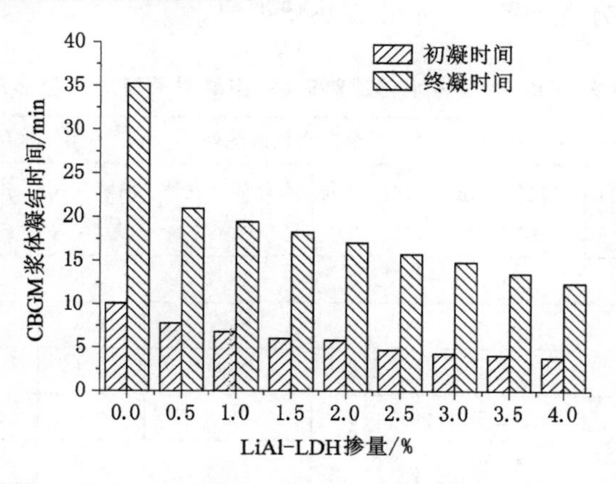


图 3-22　LiAl-LDH 对 CBGM 浆体凝结时间的影响

### 3.4.3 零维纳米 LiAl-LDH 对新拌 CBGM 浆体稳定性的影响

浆体的稳定性可以用颗粒的沉降程度或泌水率等来衡量。浆体的泌水率越大，浆体的稳定性越差。一般来讲，浆体的泌水率小于 5%时可认为浆体是相对稳定的。实际使用过程中，将纳米 LiAl-LDH 掺加到 B 液中使用。

10 min 时，参比 B 浆液及掺加 1%、2%、3%、4%及 5% LiAl-LDH 的泌水率分别为 1.17%、0.78%、0.65%、0.39%、0%、0%（表 3-8），随着 LiAl-LDH 掺量的增加，泌水率逐渐降低。30 min、60 min 及 90 min 时也出现了相似的变化规律，说明 LiAl-LDH 提高了 B 液的稳定性，且掺量越高，泌水率越低，稳定性越高。

**表 3-8 掺加锂铝类水滑石浆液的泌水率**　　单位：%

| 掺量 | 10 min | 30 min | 60 min | 90 min |
|---|---|---|---|---|
| 0%-B 液 | 1.17 | 1.80 | 2.11 | 3.05 |
| 1%-B 液 | 0.78 | 1.56 | 1.95 | 2.34 |
| 2%-B 液 | 0.65 | 1.17 | 1.56 | 2.19 |
| 3%-B 液 | 0.39 | 0.78 | 1.56 | 1.80 |
| 4%-B 液 | 0.0 | 0.39 | 1.17 | 1.56 |
| 5%-B 液 | 0.0 | 0.0 | 0.78 | 1.17 |

### 3.4.4 零维纳米 LiAl-LDH 对 CBGM 浆体早期水化的影响

LiAl-LDH 对 CBGM 浆体水化放热速率和水化放热总量的影响如图 3-23 所示。在加水的最初 10 min 内，水化放热速率呈现快速增长的趋势[图 3-23(a)]。LiAl-LDH 的掺加对第一水化放热峰的出峰时间影响不大，但影响第一水化放热峰的放热速率。由表 3-9 可见，LiAl-LDH 的掺量越大，第一水化放热峰的放热速率越高。LiAl-LDH 的掺加缩短了第二水化放热峰的出峰时间，提高了第二水化放热峰的放热速率，且 LiAl-LDH 掺量越大，出峰时间越短，水化放热速率越高。LiAl-LDH 同样缩短了第三水化放热峰的出峰时间，并提高了水化放热速率，影响趋势与第二水化放热峰类似。

**表 3-9 CBGM 浆体水化放热速率、出峰时间及水化放热总量**

| | 第一水化放热峰 | | 第二水化放热峰 | | 第三水化放热峰 | | 水化放热总量/(J/g) |
|---|---|---|---|---|---|---|---|
| | 出峰时间/min | 水化放热速率/(mW/g) | 出峰时间/h | 水化放热速率/(mW/g) | 出峰时间/h | 水化放热速率/(mW/g) | |
| 参比样品 | 6.6 | 40.9 | 1.0 | 18.7 | 6.3 | 4.0 | 269.8 |
| 1%-纳米改性样品 | 6.8 | 41.8 | 1.0 | 23.0 | 5.6 | 4.1 | 291.1 |
| 2%-纳米改性样品 | 6.7 | 42.4 | 0.9 | 25.6 | 5.1 | 4.5 | 298.3 |
| 3%-纳米改性样品 | 7.1 | 43.6 | 0.9 | 26.3 | 4.4 | 4.8 | 308.0 |
| 4%-纳米改性样品 | 7.1 | 44.0 | 0.9 | 31.3 | 3.9 | 6.0 | 321.0 |

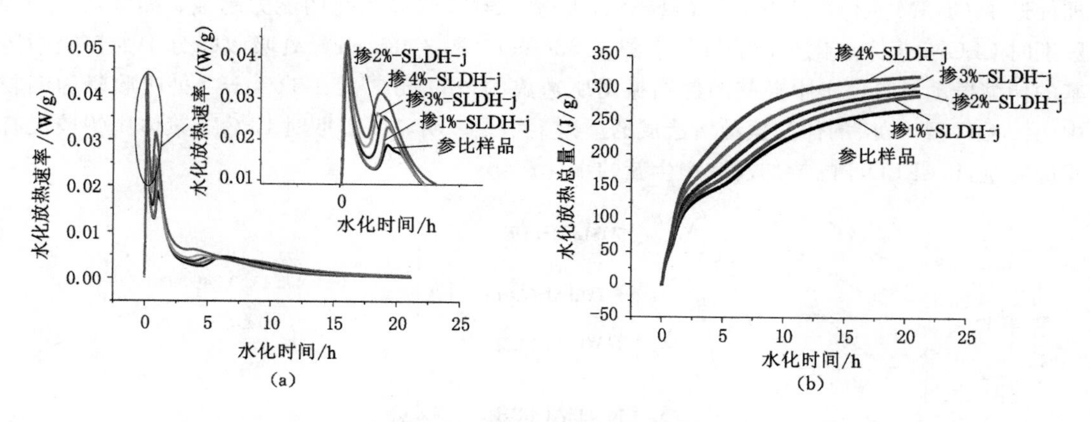


图 3-23　LiAl-LDH 对 CBGM 浆体水化放热的影响

(a) 水化放热速率；(b) 水化放热总量

LiAl-LDH 对 CBGM 浆体的水化放热总量的影响如图 3-23(b)所示。参比浆体和掺加 1%、2%、3%、4% LiAl-LDH 的 CBGM 浆体的水化放热总量分别为 269.82 J/g、291.06 J/g、298.34 J/g、307.98 J/g、320.98 J/g，说明 LiAl-LDH 促进了 CBGM 浆体水化的进行，且掺量越大(1%～4%)，促进能力越强。

## 3.4.5　零维纳米 LiAl-LDH 对 CBGM 浆体微观结构的影响

### 3.4.5.1　水化产物 XRD 谱图和 FT-IR 谱图分析

参比及掺加 LiAl-LDH 的 CBGM 硬化浆体水化产物的 XRD 谱图如图 3-24 所示。参比浆体与纳米改性浆体水化产物的衍射峰位置相同，说明 LiAl-LDH 的掺加没有改变水化产物的种类。

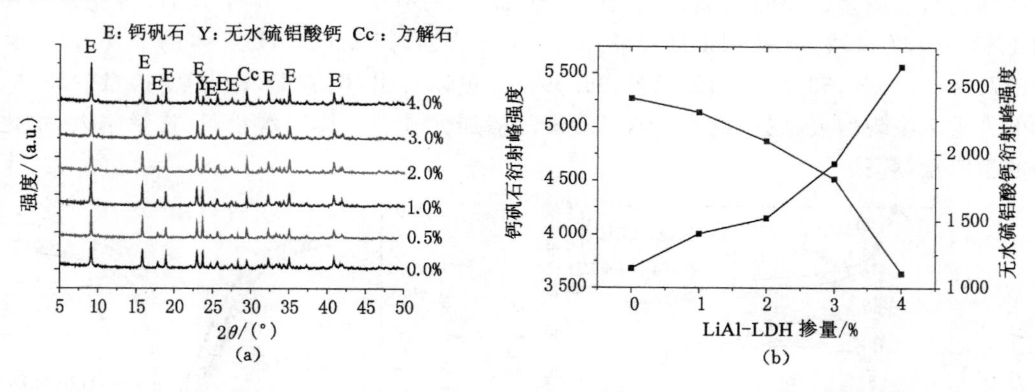


图 3-24　参比及掺加 LiAl-LDH 的 CBGM 浆体的 XRD 谱图及部分物质的衍射峰强度

(a) 1 d 龄期的 XRD 谱图；(b) 钙矾石及无水硫铝酸钙衍射峰强度

1 d 龄期时，CBGM 浆体的主要水化产物为钙矾石。由于铝胶是无定型物质，XRD 测试没有测到其衍射峰。与参比浆体相比，掺加 LiAl-LDH 的 CBGM 浆体中无水硫铝酸钙的衍射峰强度降低，钙矾石的衍射峰强度增加[图 3-24(b)]，且随着 LiAl-LDH 掺量的增大，CBGM 浆体中无水硫铝酸钙衍射峰的强度逐渐降低，钙矾石的衍射峰强度逐渐升高，说明 LiAl-LDH 的掺加促进了 CBGM 浆体的水化，且掺量越大，促进 CBGM 浆体水化的能力越强。图 3-25 为 1 d 龄期时 CBGM 浆体水化产物的红外谱图，3 636 $cm^{-1}$ 和 3 485 $cm^{-1}$ 处吸收峰分别为铝胶中羟基的伸缩振动及自由水中羟基的伸缩振动所造成的，989 $cm^{-1}$ 及 1 115 $cm^{-1}$ 处吸收峰为铝胶中 Al—OH 及 $SO_4^{2-}$ 的伸缩振动所造成的。以上结果表明，1 d 龄期时 CBGM 浆体中铝胶没有反应完全，LiAl-LDH 的掺加没有产生新的水化产物。

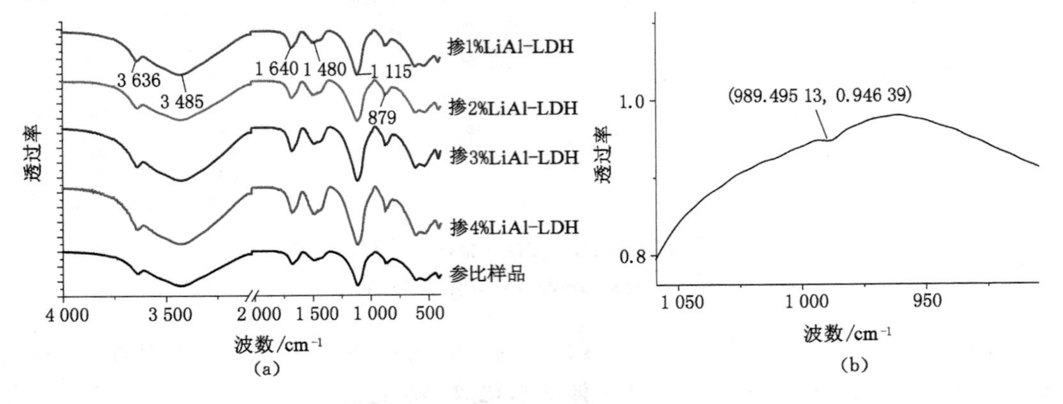


图 3-25 参比及掺加 LiAl-LDH 的 CBGM 浆体的红外谱图(1 d 龄期)

### 3.4.5.2 水化产物 TG-DTA 谱图分析

CBGM 浆体的 TG-DTA 谱图如图 3-26 所示。1 d 龄期时，DTA 曲线在 110 ℃和 270 ℃处出现了吸热峰。110 ℃处的吸热峰是钙矾石脱去晶格水所导致的，270 ℃处的吸热峰是由于铝胶的脱羟基作用而产生的。这说明 CBGM 浆体的主要水化产物为钙矾石和铝胶。由图 3-26(a)可以看出，随着 LiAl-LDH 掺量的增大，钙矾石的吸热峰面积增大，而 DTA 的吸热峰面积正比于水化产物的质量，说明 LiAl-LDH 掺量越大，CBGM 硬化浆体中生成的钙矾石越多。CBGM 浆体的 TG 曲线如图 3-26(b)所示，1 d 龄期时，参比浆体和掺加 1%LiAl-LDH、2% LiAl-LDH、3% LiAl-LDH 及 4% LiAl-LDH 浆体的失重率分别为 31.27%、32.29%、33.32%、35.32%、36.59%。可以看出，随着 LiAl-LDH 掺量的增加，浆体的失重率呈现增大趋势，说明 LiAl-LDH 的掺加促进了浆体的水化，且掺量越大，水化产物的生成量越高。

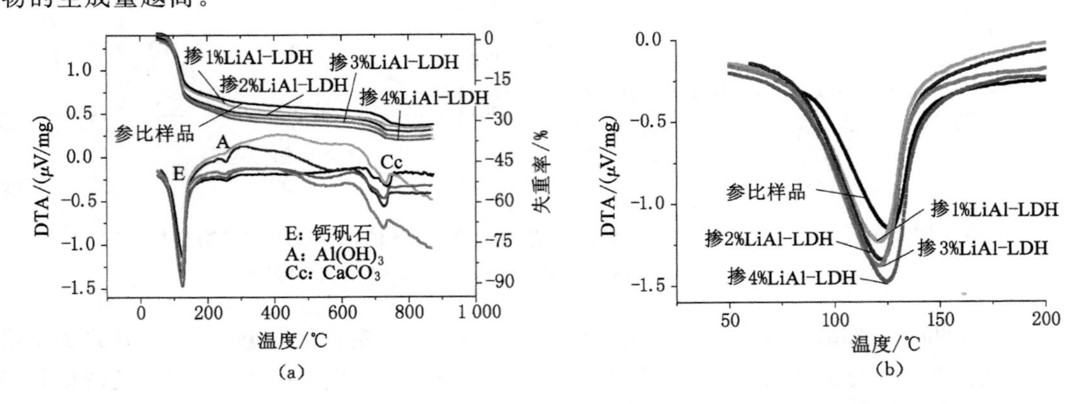


图 3-26 参比及掺加 LiAl-LDH 的 CBGM 浆体的 TG-DTA 谱图

## 3.4.6 CBGM 浆体性能与放热总量、水化产物之间的关系

### 3.4.6.1 CBGM 浆体凝结时间与水化放热总量之间的关系

参比浆体和掺加 1%、2%、3%及 4%纳米 LiAl-LDH 的 CBGM 浆体的初凝时间分别为 10.1 min、6.8 min、5.8 min、4.3 min、3.8 min，对应的浆体的放热总量分别为 16.423 J/g、9.198 J/g、6.224 J/g、2.862 J/g、1.664 J/g；浆体的终凝时间分别为 35.2 min、19.4 min、17.0 min、14.8 min、12.4 min，对应的浆体的放热总量分别为 46.951 J/g、31.511 J/g、29.161 J/g、27.585 J/g、21.087 J/g。以 CBGM 浆体的凝结时间为横坐标，水化放热总量为纵坐标作图(图 3-27)，初凝时间与水化放热总量经直线拟合后 $R^2=0.998$，终凝时间与水化放热总量经直线拟合后 $R^2=0.990$，可以看出，浆体的凝结时间与水化放热总量近似成正比，说明 LiAl-LDH 对凝结时间的缩短与其促进浆体的水化有关。

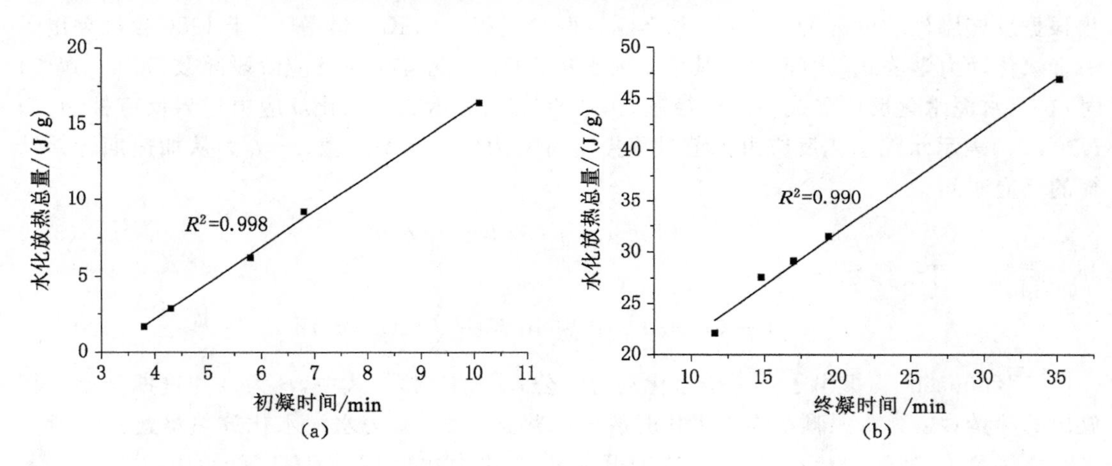


图 3-27 CBGM 浆体凝结时间与水化放热总量之间的关系

### 3.4.6.2 CBGM 浆体抗压强度与水化产物生成量之间的关系

CBGM 浆体的抗压强度及浆体中钙矾石的含量如表 3-10 所示。1 d 龄期时，参比浆体及改性 CBGM 浆体的抗压强度分别为 7.785 MPa、14.783 MPa、16.163 MPa、18.349 MPa、19.996 MPa，随着 LiAl-LDH 掺量的增加，CBGM 浆体的抗压强度呈现逐渐增大的趋势。

表 3-10 CBGM 浆体中钙矾石含量与抗压强度的关系(龄期 1 d)

| | 参比样品 | 掺加 1%-纳米改性样品 | 掺加 2%-纳米改性样品 | 掺加 3%-纳米改性样品 | 掺加 4%-纳米改性样品 |
|---|---|---|---|---|---|
| 钙矾石含量/% | 67.92 | 71.52 | 80.78 | 84.98 | 87.21 |
| 抗压强度/MPa | 7.785 | 14.783 | 16.163 | 18.349 | 19.996 |

参比浆体和掺加 1%、2%、3%、4%LiAl-LDH 的 CBGM 浆体中钙矾石的失重率分别为 19.499%、20.531%、23.192%、24.396%、25.038%。由于 1 分子钙矾石在 110 ℃

左右失去20分子的水，因此可计算出 CBGM 浆体中钙矾石的含量分别为 67.92%、71.52%、80.78%、84.98%、87.21%，随着 LiAl-LDH 掺量的增加，CBGM 浆体中钙矾石的含量呈现增加的趋势。

随着 LiAl-LDH 掺量增加，浆体中水化产物含量增加，这是 LiAl-LDH 提高浆体抗压强度的主要原因。

## 3.4.7 零维纳米 LiAl-LDH 改性 CBGM 浆体的机理探讨

### 3.4.7.1 零维纳米 LiAl-LDH 改性 CBGM 浆体的动力学参数拟合

水泥水化反应由三个基本过程组成，分别为结晶成核与晶体生长(NG)、相边界反应(I)及扩散过程(D)，且水泥水化反应的速率取决于其中最慢的过程[139-140]。阎培渝等[141]基于克斯图洛维奇模型对普通硅酸盐水泥基材料进行了分析，得到了动力学参数，指出材料的水化根据反应剧烈程度分为 NG-I-D 和 NG-D 两种过程。R. Kondo 等[142]于 1980 年推导出了一个水化动力学公式[式(3-2)]，其中 $\alpha$ 为水化程度；$N$ 为与水化反应阶段因数(当 $0<N<1$ 时，表示水泥水化反应受成核反应控制；当 $N=1$ 时，表示水泥水化反应由边界反应控制；当 $N>1$ 时，表示水泥水化反应由扩散过程控制)；$K$ 为反应速率常数；$t-t_0$ 为从加速期开始计算的反应时间。

$$[1-(1-\alpha)^{\frac{1}{3}}]^N = K(t-t_0) \tag{3-2}$$

式(3-2)可改写为：

$$\ln[1-(1-\alpha)^{\frac{1}{3}}] = \frac{1}{N}\ln K + \frac{1}{N}\ln(t-t_0) \tag{3-3}$$

T. Knudsen[143]提出了另一个水化动力学公式[式(3-4)]，式中，$P$ 为从加速期开始计算放出的热量；$P_\infty$ 为水泥颗粒终止水化时放出的热量总量；$t_{50}$ 为水泥水化放热量达到总量一半时所需要的时间；$t-t_0$ 为从加速期开始计算的水化时间。$P/P_\infty$ 为水化程度 $\alpha$。用 $1/P$ 与 $1/(t-t_0)$ 作图可得一条直线，$P$ 为水化时间为 $t-t_0$ 时的总放热量。将直线延长至纵轴，截距为 $1/P_\infty$，由截距可得最终水化热 $P_\infty$，由直线斜率可得 $t_{50}$。通过以上步骤可以计算出不同水化阶段的 $N$ 值和 $K$ 值。

$$\frac{1}{P} = \frac{1}{P_\infty} + \frac{t_{50}}{P_\infty(t-t_0)} \tag{3-4}$$

杨惠先等[144]采用上述方法研究了无水硫铝酸钙单矿的水化动力学，本书采用该方法研究锂铝类水滑石及碳酸锂对 CBGM 浆体水化动力学参数的影响规律。

由表 3-11 可以看出，参比 CBGM 浆体水化加速期受成核结晶(NG)控制，减速期受扩散过程及成核结晶(D 及 NG)控制，稳定期受扩散过程(D)控制；当掺加 0.12%CBGM 质量的 $Li_2CO_3$ 时，CBGM 的加速期受成核结晶过程(NG)控制，减速期受扩散过程及成核结晶过程双重控制，稳定期受扩散过程(D)控制。$Li_2CO_3$ 的掺加并未改变 CBGM 浆体水化的速率控制步骤。

当掺加 2%CBGM 质量的 LiAl-LDH 时，CBGM 的加速期受扩散过程及成核结晶过程(D 及 NG)双重控制，减速期及稳定期受扩散过程(D)控制。LiAl-LDH 的掺加使得 CBGM 浆体的加速期由受成核结晶(NG)控制转变为受扩散过程及成核结晶过程(D 及 NG)双重控制，说明 LiAl-LDH 作为晶核位促进了水化时的成核结晶反应；CBGM 浆体的减速期由受扩散过程及成核结晶(D 及 NG)控制转变为受扩散过程(D)控制,同样表明 LiAl-LDH 由于晶核作用使得 CBGM 浆体的速率控制步骤发生了转变。

**表 3-11 水化动力学参数拟合**

| | $Q_{max}$/(J/g) | $t_{50}$/h | 加速期 | | 减速期 | | 衰减期 | |
|---|---|---|---|---|---|---|---|---|
| | | | $N$ | $K/h^{-1}$ | $N$ | $K/h^{-1}$ | $N$ | $K/h^{-1}$ |
| 参比浆体 | 427.35 | 9.35 | 0.86 | $7.1\times10^{-2}$ | 0.97 | $5.5\times10^{-2}$ | 1.91 | $6.0\times10^{-3}$ |
| 掺加 LiAl-LDH | 347.22 | 3.15 | 0.96 | $1.0\times10^{-1}$ | 1.32 | $4.8\times10^{-2}$ | 2.41 | $9.3\times10^{-3}$ |
| 掺加 $Li_2CO_3$ | 310.56 | 1.42 | 0.82 | $1.7\times10^{-1}$ | 1.09 | $11.9\times10^{-2}$ | 2.54 | $1.8\times10^{-2}$ |

#### 3.4.7.2 零维纳米 LiAl-LDH 改性 CBGM 浆体的机理探索

由 3.2 节及 3.3 节可知,LiAl-LDH 的粒径越小,促进硫铝酸盐水泥基材料水化硬化的作用越显著。粒径的变化,可表示为比表面积的改变,粒径越小,比表面积越大,能够作为水化产物的成核位越多,水化产物的生成量越大,浆体的致密程度越高,抗压强度提升越显著。

由 3.1 节可知,纳米类水滑石(锂铝、镁铝、锌铝及锌镁铝类水滑石)提供了硫铝酸盐水泥浆体水化产物所需的晶核位,提高了水化产物的生成量。与其他类水滑石相比,锂铝类水滑石展示出较好的促进能力,说明类水滑石的层板元素组成影响了硫铝酸盐水泥的水化硬化过程。

根据沉淀溶解平衡理论,一般难溶电解质在溶液中存在沉淀溶解平衡:

$$A_mB_n(s)\underset{\text{沉淀}}{\overset{\text{溶解}}{\rightleftharpoons}}mA^{n+}+nB^{m-} \tag{3-5}$$

其平衡常数可表示为:

$$K_{sp}^{\ominus}=c^m(A^{n+})c^n(B^{m-}) \tag{3-6}$$

式(3-6)表明温度一定时,难溶电解质的饱和溶液中各组分离子浓度幂的乘积为一常数,即溶度积常数,该常数的大小与反应温度有关,而与难溶电解质的质量无关。

类水滑石材料在水溶液中存在沉淀溶解平衡。层板元素不同,溶解在 CSA 浆体中的离子种类也有差异,如添加锌铝类水滑石的浆体溶液中存在少量的 $Zn^{2+}$、$Al^{3+}$,添加锂铝类水滑石的浆体溶液中存在少量的 $Li^{+}$、$Al^{3+}$。不同种类的金属离子对 CSA 水泥水化过程的影响不同,如 $Zn^{2+}$ 具有延缓水泥凝结的作用,$Li^{+}$ 对 CSA 水泥具有显著的促进作用[145-146]。

对于添加锂铝类水滑石的水泥浆体,水溶液中存在如下平衡方程:

$$LiAl_2(OH)_6(CO_3)_{0.5}(s)\rightleftharpoons Li^{+}+2Al^{3+}+6OH^{-}+0.5CO_3^{2-} \tag{3-7}$$

根据沉淀溶解平衡理论可以得到:

$$K_{sp}^{\ominus}=[Li^{+}][Al^{3+}]^2[OH^{-}]^6[CO_3^{2-}]^{0.5} \tag{3-8}$$

很多文献用氢氧化镁的溶度积常数($K_{sp}^{\ominus}=5\times10^{-12}$)来替代类水滑石的溶度积常数,由式(3-8)可计算出溶液中 $Li^{+}$ 的浓度约为 0.018 mol/L,同时,由于水泥浆体溶液中 $Al^{3+}$ 的浓度较高,考虑同离子效应的影响,溶液中可溶性的 $Li^{+}$ 要小于 0.018 mol/L,且 $Al^{3+}$ 的浓度越高,$Li^{+}$ 的浓度越小[147]。对于掺加碳酸锂的硫铝酸盐水泥浆体,水灰比为 0.8,碳酸锂的掺量为水泥基注浆材料质量的 0.12%,碳酸锂可全部溶于水中,经式(3-9)计算,浆体中

$Li^+$的浓度为 0.04 mol/L。

$$[Li^+]=2(m\times0.12\%/M)/(m\times0.8/1\,000) \tag{3-9}$$

式中，$m$ 表示硫铝酸盐水泥基注浆材料的质量；$M$ 表示碳酸锂的分子量。

添加锂铝类水滑石及碳酸锂的 CBGM 浆体中均含有 $Li^+$，其能够与硫铝酸盐水泥水化产物铝胶发生反应，生成锂铝无定型化合物[148]，从而促进了含铝矿物（如无水硫铝酸钙）的溶解，同时生成的无定型锂铝化合物可提供水化产物的成核位，促进水化产物的生成。

两种锂盐存在以下区别：

第一，对于添加碳酸锂的 CBGM 浆体，$Li^+$的初始浓度较高（约 0.04 mol/L），而添加锂铝类水滑石的 CBGM 浆体中 $Li^+$的浓度较低（小于 0.018 mol/L），$Li^+$浓度影响 CBGM 浆体的水化硬化过程。如图 3-28 所示，$Li^+$的浓度为 0.01 mol/L 时，提高了浆体第一及第二水化放热速率，且第三水化放热峰消失；$Li^+$的浓度由 0.01 mol/L 增大到 0.04 mol/L 时，浆体的第一水化放热速率略减小，第二水化放热速率提高且第二水化放热出峰时间提前；当 $Li^+$的浓度为 0.07 mol/L 时，浆体的第一水化放热速率略减小，但第二水化放热出峰时间延迟，不同浓度的 $Li^+$均提高了早期水化放热总量，随着 $Li^+$浓度增大，水化放热总量呈现逐渐下降趋势，这主要是由于 $Li^+$可与水化产物铝胶反应生成锂铝无定型化合物，提供了水化产物所需的成核位，降低了成核能[147]。$Li^+$浓度对 CBGM 浆体抗压强度的影响如图 3-29 所示，可以看出 $Li^+$浓度为 0.01 mol/L、0.02 mol/L 及 0.03 mol/L 时，CBGM 浆体 4 h 至 60 d 龄期的抗压强度呈现逐渐增大的趋势；当 $Li^+$浓度增大到 0.04 mol/L 及

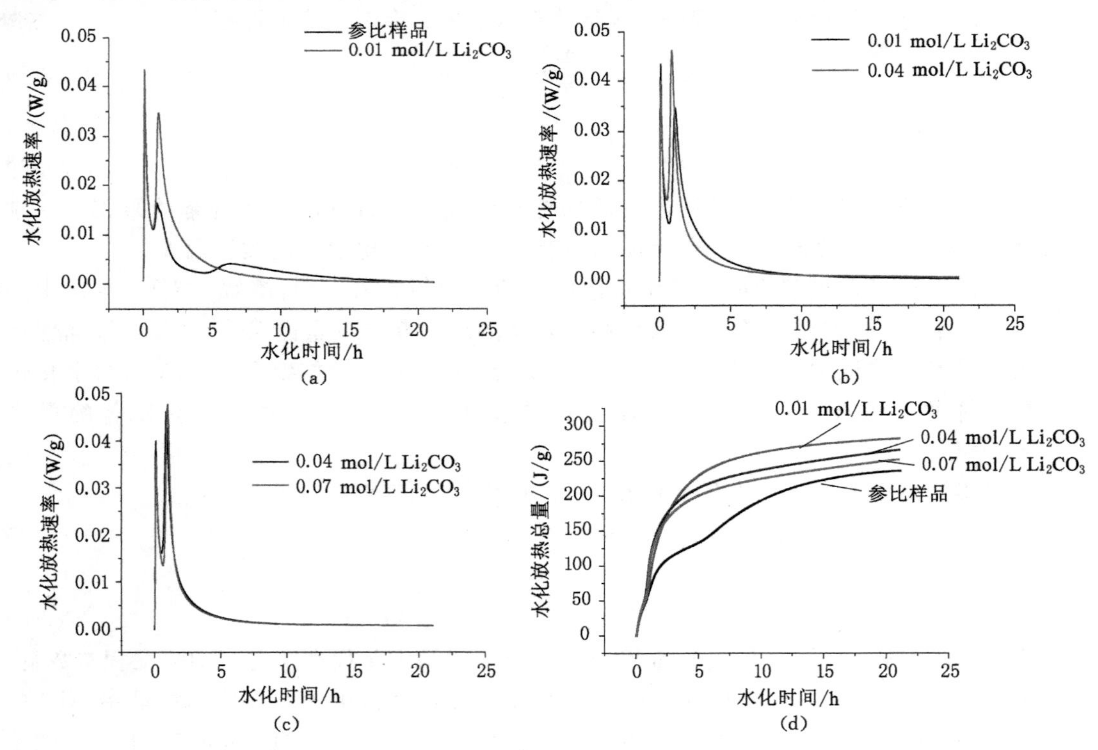


图 3-28　$Li^+$浓度对 CBGM 浆体水化放热的影响

0.05 mol/L 时，与参比浆体相比，4 h、1 d、7 d 及 28 d 的抗压强度均呈现增大的趋势，但 60 d 的抗压强度下降，随着龄期的延长，4 h、1 d 及 7 d 的抗压强度逐渐增大，28 d 及 60 d 的抗压强度又逐渐下降，出现倒缩现象；当 $Li^+$ 的浓度为 0.07 mol/L 时，与参比浆体相比，4 h 龄期的抗压强度增大，但 1 d、7 d、28 d 及 60 d 抗压强度均呈现下降趋势。

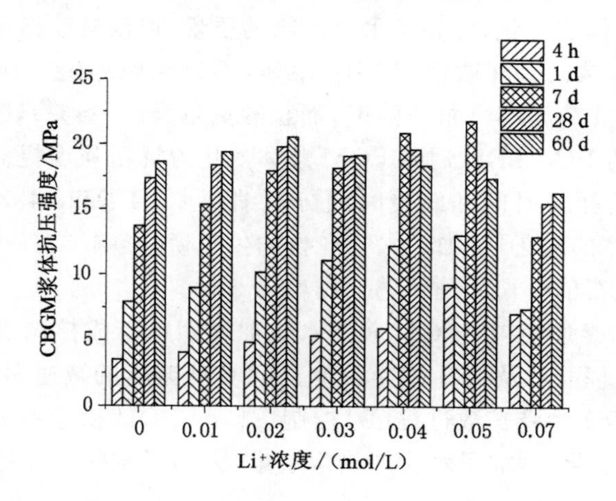


图 3-29　$Li^+$ 浓度对 CBGM 浆体抗压强度的影响

第二，对于添加锂铝类水滑石的 CBGM 浆体，虽然 $Li^+$ 的浓度较低，但当溶液中的 $Li^+$ 被消耗后，锂铝类水滑石在水溶液中的沉淀溶解平衡会向正反应方向发生移动，继续释放出 $Li^+$，直至沉淀溶解反应再次平衡。

总之，锂铝类水滑石可以充当晶种材料，其释放的少量 $Li^+$ 也能够促进 CBGM 浆体的水化硬化，在二者的协同作用下，锂铝类水滑石提高了水化放热速率及总量，提高了水化产物产量，显著提高了浆体的力学性能及凝结性能。

## 3.5　本章小结

(1) 粒径相近时，不同层板元素组成的类水滑石(LiAl-LDH，MgAl-LDH，ZnMgAl-LDH 及 ZnAl-LDH)均可以促进 CSA 水泥浆体的水化并提高 1 d、3 d、7 d、28 d 及 60 d 的抗压强度。层板元素组成不同，对 CSA 水泥浆体影响存在差异。与其他几种类水滑石对比，LiAl-LDH 能够显著加速浆体的水化进程，提高各个龄期的抗压强度。

(2) 通过溶剂热法合成了三种不同粒径的二维纳米 LiAl-LDH，呈六方片状，平均粒径分别为 1.516 μm、2.849 μm、12.057 μm。用二维纳米 LiAl-LDH 改性 CSA 水泥，发现 LiAl-LDH 的掺加，缩短了初凝时间和终凝时间，显著提高了 CSA 水泥的早期抗压强度，且对中后期抗压强度也有提高。LiAl-LDH 的粒径越小，对 CSA 水泥的增强作用越显著。水灰比为 0.6 时，当掺加 3%较小粒径的 LiAl-LDH(约 1 μm)时，CSA 水泥浆体的初凝时间缩短 69.1%，终凝时间缩短 76.8%，1 d、3 d、7 d 及 28 d 的抗压强度分别为参比浆体强度的 2.78 倍、1.59 倍、1.58 倍、1.06 倍。水化热、X 射线衍射、傅立叶红外光谱、热分析表明，LiAl-LDH 提高了 CSA 水泥的水化放热速率和水化放热总量，水化产物生成量增加，浆体的结构更加密实，从而提高了各个龄期的抗压强度，并缩短了初凝时间和终凝时间。

(3) 采用成核晶化隔离法合成了零维纳米 LiAl-LDH，粒径约为 90 nm。用二维纳米 LiAl-LDH 粉末、零维纳米 LiAl-LDH 粉末及未经过干燥处理的零维纳米 LiAl-LDH 浆料改性 CSA 水泥，发现 LiAl-LDH 的粒径及形态影响其改性性能。粒径越小，1 d、3 d、7 d 及 28 d 抗压强度越高；纳米 LiAl-LDH 的分散性能越好，其对抗压强度提高能力越强。LiAl-LDH 的掺加促进了浆体的水化，提高了水化产物的质量，但没有改变水化产物的类型。

(4) 用零维纳米 LiAl-LDH 改性 CBGM 浆体，不仅大幅缩短了初凝时间和终凝时间，提高了 4 h、8 h、1 d、3 d、7 d、28 d 抗压强度，而且掺量越大(0～4%)，凝结时间越短，抗压强度越高。当掺加 4%的 LiAl-LDH 时，CBGM 浆体 4 h 的抗压强度提高了 153.9%，60 d 的抗压强度提高 49.0%，初凝时间和终凝时间分别缩短 62.4%和 64.8%。LiAl-LDH 的掺加，促进了 CBGM 浆体的水化，增加了水化产物的生成量，影响了钙矾石的形貌，说明 LiAl-LDH 对水化产物钙矾石的生长起到了诱导作用。

(5) LiAl-LDH 的掺加使得 CBGM 浆体水化加速期由受成核结晶(NG)控制转变为受扩散过程和成核结晶过程(D 及 NG)双重控制。CBGM 浆体的减速期由受扩散过程及成核结晶(D 及 NG)控制转变为受扩散过程(D)控制。LiAl-LDH 由于晶核及 $Li^{+}$ 的协同作用，促进了CBGM 浆体的水化，增加了水化产物生成量，影响了水化产物形貌，提高了其力学性能和凝结性能。

# 4 纳米钙矾石对 CBGM 浆体的改性研究

本章研究各单因素如温度、时间、溶剂类型、表面活性剂对钙矾石晶体生长的影响规律，在此基础上进行正交试验，制备不同特性(纯度和粒径)的钙矾石晶体；研究杂质的含量对钙矾石性能的影响规律，并分析其对 CBGM 浆体水化及硬化体微观结构的影响；研究钙矾石的粒径对其性能的影响，分析其对 CBGM 浆体水化及微观结构的影响；基于水化动力学分析，探索纳米钙矾石对 CBGM 浆体的改性机理。

## 4.1 钙矾石的制备工艺及结构表征

### 4.1.1 钙矾石的制备工艺

钙矾石的制备工艺如下：将一定量的钙盐及表面活性剂、铝盐和碱，分别溶于一定量的溶剂中，得到等体积的三种溶液，溶解原料所用的水均为去二氧化碳水。将等体积的三种溶液同时滴加到液膜反应器中，原料在高速剪切作用下迅速反应，返混 2～3 min 后晶化一定时间。浆体经去二氧化碳水离心洗涤多次至 pH 值为 7 左右，得到钙矾石。

### 4.1.2 单因素试验

#### 4.1.2.1 钙盐种类的影响

分别以 $Ca(COOH)_2$、$Ca(OH)_2$ 和 $Ca(NO_3)_2 \cdot 4H_2O$ 为原料，在碱性条件下与 $Al_2(SO_4)_3 \cdot 18H_2O$ 反应合成钙矾石晶体，分别记为 AFt-1、AFt-2 和 AFt-3。合成过程中所用水均为去二氧化碳水。具体的原料配比见表 4-1。

**表 4-1 以不同钙盐为原料合成钙矾石的原料组成** 单位：mol

| | $Ca(COOH)_2$ | $Ca(OH)_2$ | $Ca(NO_3)_2 \cdot 4H_2O$ | $Al_2(SO_4)_3 \cdot 18H_2O$ | NaOH |
|---|---|---|---|---|---|
| AFt-1 | — | — | 0.6 | 0.1 | 1.2 |
| AFt-2 | — | 0.027 | — | 0.004 5 | — |
| AFt-3 | 0.6 | — | — | 0.1 | 1.2 |

注：“—”表示无此物质。

以不同种类钙盐合成材料的 XRD 谱图如图 4-1 所示，图中出现了(100)、(110)、(104)、(114)、(212)、(304)、(216)、(226)等衍射峰，与粉末衍射标准联合会(JCPDS)发布的钙矾石标准图谱 No. 72-0646 一致，说明以硝酸钙、甲酸钙和氢氧化钙三种钙盐为原料均可以合成钙矾石晶体。

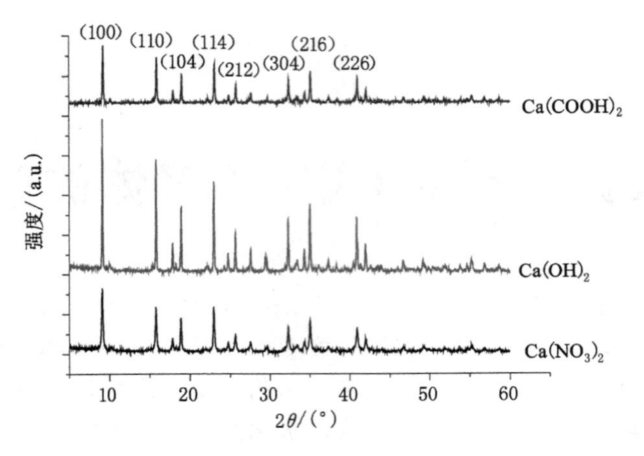


图 4-1 不同种类钙盐合成材料的 XRD 谱图

图 4-2 不同种类钙盐合成材料的 SEM 图像

(a) 甲酸钙;(b) 氢氧化钙;(c) 硝酸钙

图 4-2 为 3 种不同钙盐合成钙矾石的 SEM 图像。以甲酸钙为原料合成的钙矾石为长柱状,直径为 70～90 nm,长度为 1 μm 左右[图 4-2(a)];以氢氧化钙为原料合成的钙矾石呈椭球状[图 4-2(b)],长度为 0.5～3 μm;以硝酸钙为钙源合成的钙矾石晶体见图 4-2(c),晶体呈长柱状,直径为 30～60 nm,长度为 100～500 nm。可以看出,以氢氧化钙为原料合成的钙矾石粒径较大,且由于氢氧化钙为难溶化合物,在以氢氧化钙为原料制备钙矾石的过程中,相同体积溶剂中制得的钙矾石的质量很少。以甲酸钙和硝酸钙为原料合成的钙矾石,其形貌均为长柱状,且以硝酸钙合成的钙矾石其粒径较小,故选用以硝酸钙为原料合成钙矾石晶体。

#### 4.1.2.2　溶剂组成的影响

以 $Ca(NO_3)_2 \cdot 4H_2O$、$Al_2(SO_4)_3 \cdot 18H_2O$、NaOH 为原料，且 $n(Ca^{2+}) : n(Al^{3+}) : n(OH^-) = 6 : 2 : 12$，将 3 种原料分别溶解在水与醇(乙醇)体积比为 1.5∶1、2∶1、3∶1、4∶1 及全水溶剂中合成钙矾石晶体。

不同溶剂中合成材料的 XRD 谱图如图 4-3 所示。图中均出现了钙矾石的特征衍射峰。随着乙醇掺量的增加，钙矾石的特征衍射峰出现降低的趋势，衍射峰的半高宽增加，说明合成的钙矾石的粒径有减小的趋势。在全水溶剂及水与醇体积比为 4∶1 的条件下，物质的衍射峰与钙矾石的标准谱图一致，说明生成了纯相的钙矾石晶体。进一步增大乙醇的含量，水与醇体积比为 3∶1、2∶1 及 1.5∶1 的条件下均出现了二水石膏的特征衍射峰，说明合成的钙矾石晶体中有二水石膏杂质存在。由于水与乙醇的黏度和表面张力不同，当水中混有一定比例的乙醇溶液时，会产生不同黏度和表面张力的混合溶液，影响反应离子的扩散速度[149-150]。本试验中，溶剂黏度和表面张力的变化可影响多种离子的扩散速度，溶液中 $Ca^{2+}$、$SO_4^{2-}$、$Al^{3+}$、$OH^-$ 离子浓度既满足了钙矾石的结晶条件，又满足了硫酸钙的结晶条件，即 $Ca^{2+}$、$SO_4^{2-}$、$Al^{3+}$、$OH^-$ 离子浓度幂乘积大于钙矾石晶体的溶度积常数，$Ca^{2+}$、$SO_4^{2-}$ 离子浓度幂乘积大于硫酸钙晶体的溶度积常数，同时生成了钙矾石和二水石膏晶体。

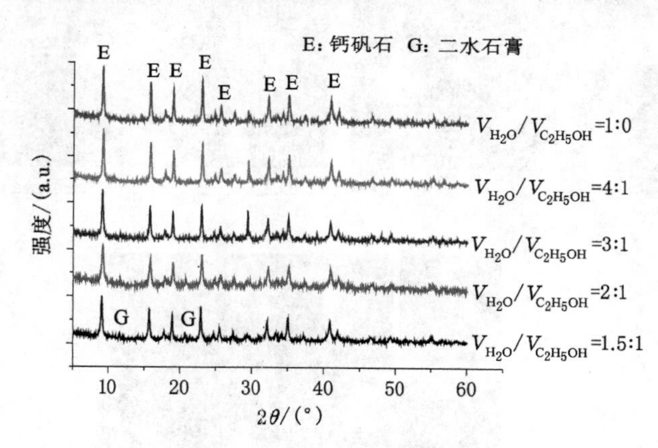


图 4-3　不同溶剂中合成材料的 XRD 谱图

#### 4.1.2.3　晶化温度

温度是影响反应过程的重要因素之一。温度的提升，能够促进溶质溶解度的提高，增大晶体的生长速率。本试验以 $Ca(NO_3)_2 \cdot 4H_2O$、$Al_2(SO_4)_3 \cdot 18H_2O$、NaOH 为原料，$n(Ca^{2+}) : n(Al^{3+}) : n(OH^-) = 6 : 2 : 12$，全水溶剂中晶化 4 h，考察晶化温度对钙矾石特性的影响。由于钙矾石在 70 ℃左右分解，因此晶化温度选择 30 ℃、40 ℃及 50 ℃。

不同晶化温度时合成钙矾石的 XRD 谱图如图 4-4 所示，可以看出在 30 ℃、40 ℃及 50 ℃时产物的 XRD 谱图与钙矾石的特征谱图一致，说明不同晶化温度均可以合成钙矾石晶体。合成产物的 SEM 图像如图 4-5 所示，钙矾石的形貌多以长柱状为主，并伴随一些不规则的形状。不同晶化温度时合成材料的粒径分布如图 4-6 所示。晶化温度为 30 ℃时，颗粒的 $D_{90}$ 数值较大，为 1.820 μm；当晶化温度升高至 40 ℃时，颗粒的粒径有变小的趋势，此时 $D_{90}$ 数值为 1.170 μm；当温度进一步提高至 50 ℃时，颗粒的 $D_{90}$ 数值为 1.430 μm。可以

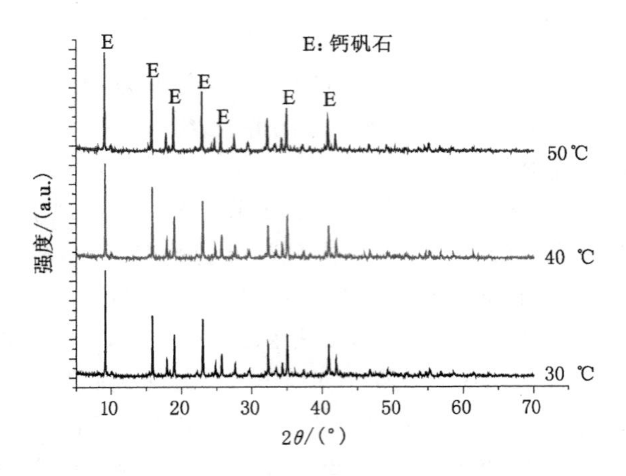


图 4-4　不同温度时合成材料的 XRD 谱图

(a)　(b)　(c)

图 4-5　合成材料的 SEM 图像

(a) 30 ℃;(b) 40 ℃;(c) 50 ℃

看出,随着晶化温度由 30 ℃升高到 50 ℃,颗粒的粒径呈现先减小后增大的现象。晶化温度的提高,一方面会促进晶体的生长,另一方面可能会促进部分或全部晶体的溶解,重新生成新的晶粒,改变晶体的形貌或大小[151]。从晶体生长和界面相的关系出发,温度的变化主要改变晶体相与环境相间的组分配分系数,界面相各层之间的配分系数,影响环境相中各组分的化学位、运动速度、热动力学参数(如溶度积常数等)以及晶体表面结合能,进而控制晶体的生长习性[152]。

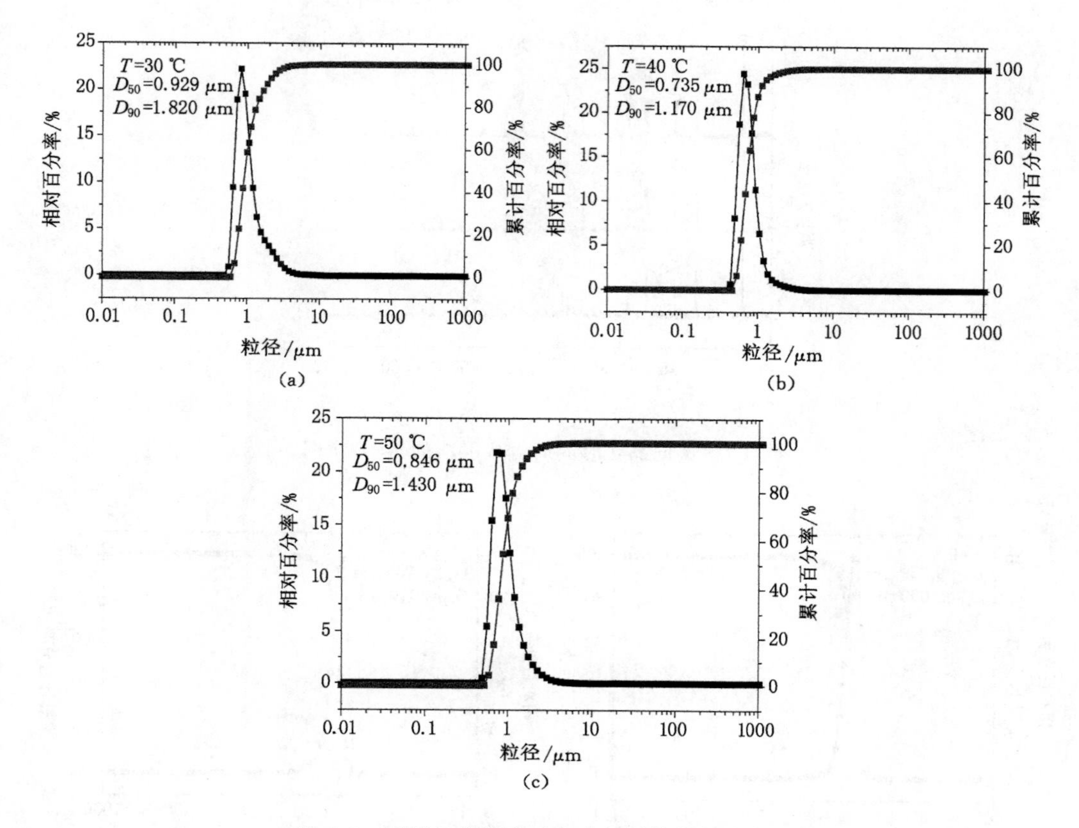


图 4-6　不同晶化温度时合成材料的粒径分布图

(a) 30 ℃;(b) 40 ℃;(c) 50 ℃

#### 4.1.2.4　晶化时间

在研究晶化时间对钙矾石晶体生长的影响时，以 $Ca(NO_3)_2 \cdot 4H_2O$、NaOH 及 $Al_2(SO_4)_3 \cdot 18H_2O$ 为原料，且 $n(Ca^{2+}) : n(Al^{3+}) : n(OH^-) = 6:2:12$，在 40 ℃全水溶剂中，晶化 0 h、4 h、8 h。

不同晶化时间时合成钙矾石的 XRD 谱图如图 4-7 所示，晶化 0 h、4 h 及 8 h 时产物的 XRD 谱图与钙矾石的标准谱图一致，说明不同晶化时间均可以合成纯相的钙矾石晶体。随着晶化时间的延长，钙矾石晶体的衍射峰逐渐增强，说明合成的钙矾石的粒径呈现变大的趋势。这一趋势也可以从粒径分布图上得到验证(图 4-8)。晶化 0 h 时，晶体的 $D_{90}$ 数值为 1.060 μm；当晶化时间延长至 4 h 时，晶体的 $D_{90}$ 数值为 1.170 μm；晶化时间进一步提高至 8 h 时，$D_{90}$ 数值提高至 1.270 μm。晶体的 SEM 图像如图 4-9 所示，可以看到大量的长柱状并伴随有不规则形状的晶体，随着晶化时间的延长，晶体有变粗、变大的迹象。钙矾石晶粒在溶液中处于结晶和溶解的动态平衡，小粒径晶粒，比表面能较高，溶解速率较大，随着晶化时间延长，较小的晶粒会逐渐变小消失，大晶粒逐渐长大，即出现奥斯特瓦尔德过程。

#### 4.1.2.5　表面活性剂的影响

柠檬酸、聚乙烯吡咯烷(PVP)酮及酒石酸是常用的表面活性剂。将 $Ca(NO_3)_2 \cdot$

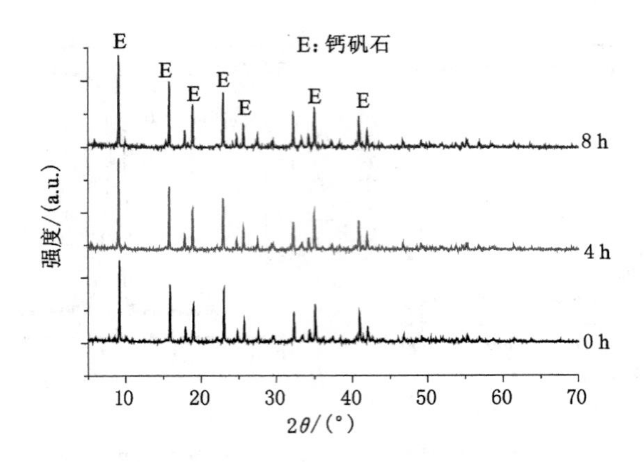


图 4-7　不同晶化时间时合成材料的 XRD 谱图

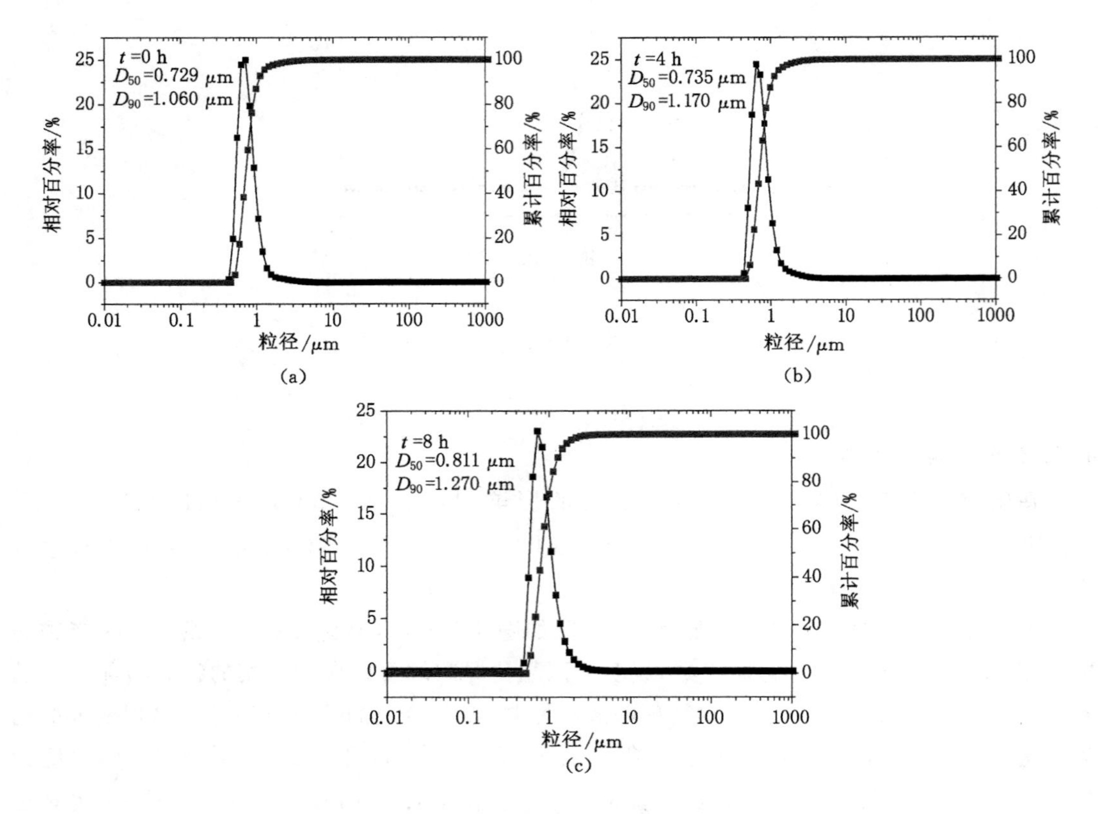


图 4-8　不同晶化时间时合成材料的粒径分布图

(a) 0 h；(b) 4 h；(c) 8 h

$4H_2O$、$Al_2(SO_4)_3\cdot18H_2O$、NaOH 溶解在去二氧化碳水的溶液中，且 $n(Ca^{2+}):n(Al^{3+}):n(OH^-)=6:2:12$，分别掺加柠檬酸、聚乙烯吡咯烷酮及酒石酸 3 种表面活性剂于钙盐溶液中，考察 3 种物质掺量对钙矾石特性的影响规律。

图 4-10 为不同表面活性剂时合成材料的 XRD 谱图，当掺加 0.525 g、1.050 g 和

图 4-9 合成材料的 SEM 图像

(a) 0 h;(b) 4 h;(c) 8 h

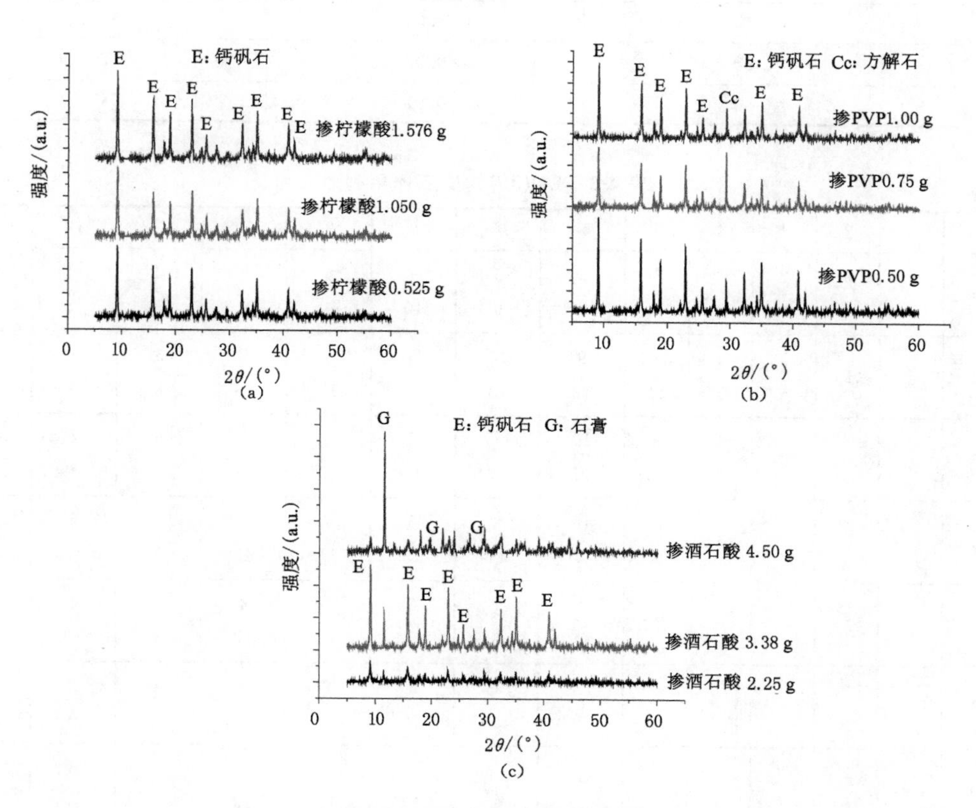


图 4-10 不同表面活性剂时合成材料的 XRD 谱图

(a) 掺柠檬酸;(b) 掺 PVP;(c) 掺酒石酸

1.575 g 柠檬酸[图 4-10(a)]时，XRD 谱图中没有出现其他相的衍射峰，说明合成的材料为纯相钙矾石。不同 PVP 掺量时(0.50 g、0.75 g、1.00 g)合成产物 XRD 谱图[图 4-10(b)]中出现了钙矾石的特征衍射峰，同时也发现了碳酸钙的特征衍射峰，说明 PVP 表面活性剂的掺加生成了含有碳酸钙杂质的钙矾石晶体。不同酒石酸掺量时合成产物的 XRD 谱图如图 4-10(c)所示，图中出现了钙矾石及二水石膏的特征衍射峰，说明酒石酸的掺加，在生成钙矾石的同时也生成了二水石膏杂质。柠檬酸和酒石酸分子结构均具有羧基和羟基，羧基可以络合 $Al^{3+}$、$Ca^{2+}$ 离子，改变难溶物质各组分离子幂的乘积与溶度积常数的关系，造成晶体的生成或溶解。如 X. L. Jiao 等[153]用水热法制备纳米氧化锆时，发现多羟基醇的羟基易与 Zr 原子形成螯合物，从而抑制晶粒的生长，最终形成了四方相氧化锆。

### 4.1.3 正交试验

根据前期的单因素试验，选取晶化温度(A)、柠檬酸掺量(B)、晶化时间(C)三个因素(表 4-2)，考察单因素、任意两个因素之间及三个因素之间的一级交互作用对钙矾石特性的影响，设计了 27 组正交试验 $L_{27}(3^3)$(表 4-3)。

**表 4-2 因素与水平**

| 水平 | 晶化温度/℃ | 柠檬酸掺量/(mol/L) | 晶化时间/h |
|---|---|---|---|
| 1 | 40 | 0.04 | 0 |
| 2 | 30 | 0.02 | 8 |
| 3 | 50 | 0.01 | 4 |

**表 4-3 $L_{27}(3^3)$的交互作用列表**

| | 1 | 2 | 3 | 4 | 5 | 6 | 7 | 8 | 9 | 10 | 11 | 12 | 13 |
|---|---|---|---|---|---|---|---|---|---|---|---|---|---|
| (1) | (1) | 3<br>4 | 2<br>4 | 2<br>3 | 6<br>7 | 5<br>7 | 5<br>6 | 9<br>10 | 8<br>10 | 8<br>9 | 12<br>13 | 11<br>13 | 11<br>12 |
| (2) | | (2) | 1<br>4 | 1<br>3 | 8<br>11 | 9<br>12 | 10<br>13 | 5<br>11 | 6<br>12 | 7<br>13 | 5<br>8 | 6<br>9 | 7<br>10 |
| (3) | | | (3) | 1<br>2 | 9<br>13 | 10<br>11 | 8<br>12 | 7<br>12 | 5<br>13 | 6<br>11 | 6<br>10 | 7<br>8 | 5<br>9 |
| (4) | | | | (4) | 10<br>12 | 18<br>13 | 9<br>11 | 6<br>13 | 7<br>11 | 5<br>12 | 7<br>9 | 5<br>10 | 6<br>8 |
| (5) | | | | | (5) | 1<br>7 | 1<br>6 | 2<br>11 | 3<br>13 | 4<br>12 | 2<br>8 | 4<br>10 | 3<br>9 |
| (6) | | | | | | (6) | 1<br>5 | 4<br>13 | 2<br>12 | 3<br>11 | 3<br>10 | 2<br>9 | 4<br>8 |
| (7) | | | | | | | (7) | 3<br>12 | 4<br>11 | 2<br>13 | 4<br>9 | 3<br>8 | 2<br>10 |

表 4-3(续)

| | 1 | 2 | 3 | 4 | 5 | 6 | 7 | 8 | 9 | 10 | 11 | 12 | 13 |
|---|---|---|---|---|---|---|---|---|---|---|---|---|---|
| (8) | | | | | | | | (8) | 1<br>10 | 1<br>9 | 2<br>5 | 3<br>7 | 4<br>6 |
| (9) | | | | | | | | | (9) | 1<br>8 | 4<br>7 | 2<br>6 | 3<br>5 |
| (10) | | | | | | | | | | (10) | 3<br>6 | 4<br>5 | 2<br>7 |
| (11) | | | | | | | | | | | (11) | 1<br>13 | 1<br>12 |
| (12) | | | | | | | | | | | | (12) | 1<br>11 |

$L_{27}(3^3)$的正交表(表 4-3)中,第 3、4 列为因素 A 与 B 之间的交互作用列,第 6、7 列为因素 A 与 C 的交互作用列,第 8、11 列为因素 B 和 C 的交互作用列,第 9、10、12、13 为参比列,用来分析误差。$x_i$ 为合成材料中钙矾石的质量百分含量(%),$y_i$ 为合成材料中二水石膏的质量百分含量(%),$w_i$ 为合成材料的 $D_{90}$ 数值,$D_{90}$ 是指样品的累计粒径分布数达到 90%时所对应的粒径。$K_1$、$K_2$、$K_3$ 分别为正交表中 $x_i$ 值分别取 1、2、3 水平时的和;$M_1$、$M_2$、$M_3$ 分别为正交表中 $y_i$ 值分别取 1、2、3 水平时的和;$O_1$、$O_2$、$O_3$ 分别为正交表中 $w_i$ 值分别取 1、2、3 水平时的和;$R$ 和 $P$ 分别为以钙矾石的纯度和 $D_{90}$ 数值为评价指标时晶化温度、柠檬酸掺量及晶化时间 3 个因素的极差数值。其中 $x_i$ 及 $y_i$ 的数值是在红外测试[检测非晶相 $Al(OH)_3$]的基础上通过软件 jade 6.5 进行全谱拟合得到的。表 4-4 为正交试验分析结果。

表 4-4-1 正交试验分析结果(一)

| 试验编号 | A | B | (A×B)$_1$ | (A×B)$_2$ | C | (A×C)$_1$ | (A×C)$_2$ | (B×C)$_1$ | | | (B×C)$_2$ | | | $x_i$ | $y_i$ | $w_i$ |
|---|---|---|---|---|---|---|---|---|---|---|---|---|---|---|---|---|
| z1 | 1 | 1 | 1 | 1 | 1 | 1 | 1 | 1 | 1 | 1 | 1 | 1 | 1 | 96.4 | 3.6 | 0.730 |
| z2 | 1 | 1 | 1 | 1 | 2 | 2 | 2 | 2 | 2 | 2 | 2 | 2 | 2 | 95.8 | 4.2 | 0.736 |
| z3 | 1 | 1 | 1 | 1 | 3 | 3 | 3 | 3 | 3 | 3 | 3 | 3 | 3 | 100 | 0 | 0.650 |
| z4 | 1 | 2 | 2 | 2 | 1 | 1 | 1 | 2 | 2 | 2 | 3 | 3 | 3 | 97 | 3 | 0.703 |
| z5 | 1 | 2 | 2 | 2 | 2 | 2 | 2 | 3 | 3 | 3 | 1 | 1 | 1 | 92.1 | 7.9 | 0.661 |
| z6 | 1 | 2 | 2 | 2 | 3 | 3 | 3 | 1 | 1 | 1 | 2 | 2 | 2 | 100 | 0 | 0.702 |
| z7 | 1 | 3 | 3 | 3 | 1 | 1 | 1 | 3 | 3 | 3 | 2 | 2 | 2 | 95.2 | 4.8 | 0.725 |
| z8 | 1 | 3 | 3 | 3 | 2 | 2 | 2 | 1 | 1 | 1 | 3 | 3 | 3 | 93.1 | 6.9 | 0.740 |
| z9 | 1 | 3 | 3 | 3 | 3 | 3 | 3 | 2 | 2 | 2 | 1 | 1 | 1 | 96.5 | 3.5 | 0.733 |
| z10 | 2 | 1 | 2 | 3 | 1 | 2 | 3 | 1 | 2 | 3 | 1 | 2 | 3 | 89.6 | 10.4 | 0.674 |

**表 4-4-1(一)(续)**

| 试验编号 | A | B | $(A\times B)_1$ | $(A\times B)_2$ | C | $(A\times C)_1$ | $(A\times C)_2$ | $(B\times C)_1$ | | | $(B\times C)_2$ | | | $x_i$ | $y_i$ | $w_i$ |
|---|---|---|---|---|---|---|---|---|---|---|---|---|---|---|---|---|
| z11 | 2 | 1 | 2 | 3 | 2 | 3 | 1 | 2 | 3 | 1 | 2 | 3 | 1 | 95.6 | 4.4 | 0.853 |
| z12 | 2 | 1 | 2 | 3 | 3 | 1 | 2 | 3 | 1 | 2 | 3 | 1 | 2 | 97 | 3 | 0.972 |
| z13 | 2 | 2 | 3 | 1 | 1 | 2 | 3 | 2 | 3 | 1 | 3 | 1 | 2 | 96.9 | 3.1 | 0.860 |
| z14 | 2 | 2 | 3 | 1 | 2 | 3 | 1 | 3 | 1 | 2 | 1 | 2 | 3 | 92.8 | 7.2 | 0.859 |
| z15 | 2 | 2 | 3 | 1 | 3 | 1 | 2 | 1 | 2 | 3 | 2 | 3 | 1 | 93.3 | 6.7 | 0.882 |
| z16 | 2 | 3 | 1 | 2 | 1 | 2 | 3 | 3 | 1 | 2 | 2 | 3 | 1 | 92.9 | 7.1 | 0.846 |
| z17 | 2 | 3 | 1 | 2 | 2 | 3 | 1 | 1 | 2 | 3 | 3 | 1 | 2 | 88 | 12 | 0.816 |
| z18 | 2 | 3 | 1 | 2 | 3 | 1 | 2 | 2 | 3 | 1 | 1 | 2 | 3 | 81.7 | 18.3 | 0.716 |
| z19 | 3 | 1 | 3 | 2 | 1 | 3 | 2 | 1 | 3 | 2 | 1 | 3 | 2 | 95.9 | 4.1 | 0.896 |
| z20 | 3 | 1 | 3 | 2 | 2 | 1 | 3 | 2 | 1 | 3 | 2 | 1 | 3 | 93.7 | 6.3 | 0.716 |
| z21 | 3 | 1 | 3 | 2 | 3 | 2 | 1 | 3 | 2 | 1 | 3 | 2 | 1 | 93.1 | 6.9 | 0.702 |
| z22 | 3 | 2 | 1 | 3 | 1 | 3 | 2 | 2 | 1 | 3 | 3 | 2 | 1 | 91.9 | 9.1 | 0.989 |
| z23 | 3 | 2 | 1 | 3 | 2 | 1 | 3 | 3 | 2 | 1 | 1 | 3 | 2 | 85.7 | 14.3 | 0.905 |
| z24 | 3 | 2 | 1 | 3 | 3 | 2 | 1 | 1 | 3 | 2 | 2 | 1 | 3 | 91 | 9 | 0.717 |
| z25 | 3 | 3 | 2 | 1 | 1 | 3 | 2 | 3 | 2 | 1 | 2 | 1 | 3 | 86.3 | 13.7 | 0.906 |
| z26 | 3 | 3 | 2 | 1 | 2 | 1 | 3 | 1 | 3 | 2 | 3 | 2 | 1 | 81.1 | 18.9 | 0.893 |
| z27 | 3 | 3 | 2 | 1 | 3 | 2 | 1 | 2 | 1 | 3 | 1 | 3 | 2 | 90.5 | 9.5 | 0.840 |

**表 4-4-2　正交试验分析结果(二)**

| | A | B | $(A\times B)_1$ | $(A\times B)_2$ | C | $(A\times C)_1$ | $(A\times C)_2$ | $(B\times C)_1$ | | | $(B\times C)_2$ | | |
|---|---|---|---|---|---|---|---|---|---|---|---|---|---|
| $K_1$ | 866.1 | 857.1 | 823.4 | 833.1 | 842.1 | 821.1 | 839.6 | 828.4 | 848.3 | 828.8 | 821.2 | 837.9 | 832.9 |
| $K_2$ | 827.8 | 840.7 | 829.2 | 834.4 | 817.9 | 835 | 827.1 | 839.6 | 825.3 | 840 | 843.8 | 821.2 | 845 |
| $K_3$ | 809.2 | 805.3 | 850.5 | 835.6 | 843.1 | 847 | 836.4 | 835.1 | 829.5 | 834.3 | 838.1 | 844 | 825.2 |
| $M_1$ | 33.9 | 42.9 | 77.6 | 66.9 | 58.9 | 78.9 | 60.4 | 71.6 | 52.7 | 71.2 | 78.8 | 62.1 | 68.1 |
| $M_2$ | 72.2 | 60.3 | 70.8 | 65.6 | 82.1 | 65 | 73.9 | 61.4 | 74.7 | 60 | 56.2 | 79.8 | 55 |
| $M_3$ | 91.8 | 94.7 | 49.5 | 65.4 | 56.9 | 54 | 63.6 | 64.9 | 70.5 | 66.7 | 62.9 | 56 | 74.8 |
| $O_1$ | 6.38 | 6.929 | 7.105 | 7.356 | 7.329 | 7.242 | 6.945 | 7.05 | 7.394 | 7.114 | 7.014 | 7.111 | 7.289 |
| $O_2$ | 7.478 | 7.278 | 7.204 | 6.758 | 7.179 | 6.776 | 7.498 | 7.146 | 7.057 | 7.355 | 7.083 | 6.996 | 7.452 |
| $O_3$ | 7.564 | 7.215 | 7.113 | 7.308 | 6.914 | 7.404 | 6.979 | 7.226 | 6.971 | 6.953 | 7.325 | 7.315 | 6.681 |
| $R$ | 56.9 | 51.8 | | | 25.2 | | | | | | | | |
| $P$ | 1.18 | 0.34 | | | 0.42 | | | | | | | | |

### 4.1.3.1　直观分析

#### 4.1.3.1.1　合成条件对钙矾石纯度的影响

由图 4-11 可以看出，随着晶化温度由 30 ℃增加到 50 ℃，产物中钙矾石纯度的指标因

子 $K$ 值呈现显著增加随后急剧下降的趋势。随着柠檬酸掺量由 0.01 mol/L 增加到 0.04 mol/L，钙矾石纯度的指标因子 $K$ 值呈现连续上升的趋势，且由 0.01 mol/L 增加到 0.02 mol/L时上升趋势相对较显著。随着晶化时间的增长，钙矾石的 $K$ 值呈先缓慢上升后急剧下降趋势，当晶化时间由 0 h 延长到 4 h 时，对钙矾石的纯度影响较小。进一步延长晶化时间，由 4 h 到 8 h 时，晶化时间对钙矾石的纯度影响较显著。以钙矾石的质量百分含量为评价指标，得出晶化温度、柠檬酸掺量及晶化时间 3 个因素的极差 $R$ 值分别为 56.9、51.8 和 25.2，可以看出 3 个因素对钙矾石纯度的影响程度从大到小依次为晶化温度、柠檬酸掺量、晶化时间，其中晶化温度和柠檬酸掺量对钙矾石纯度的影响较大。温度约为 40 ℃时有利于钙矾石纯度的提高，柠檬酸掺量的适量增加有利于钙矾石纯度的提高，晶化时间越长（由 4 h 增加到 8 h），对钙矾石的纯度越不利，根据各因素相应 $K$ 值的大小确定最优配比为 $A_1B_1C_3$，即正交试验中的第三组(z3)，纯度为 100%。

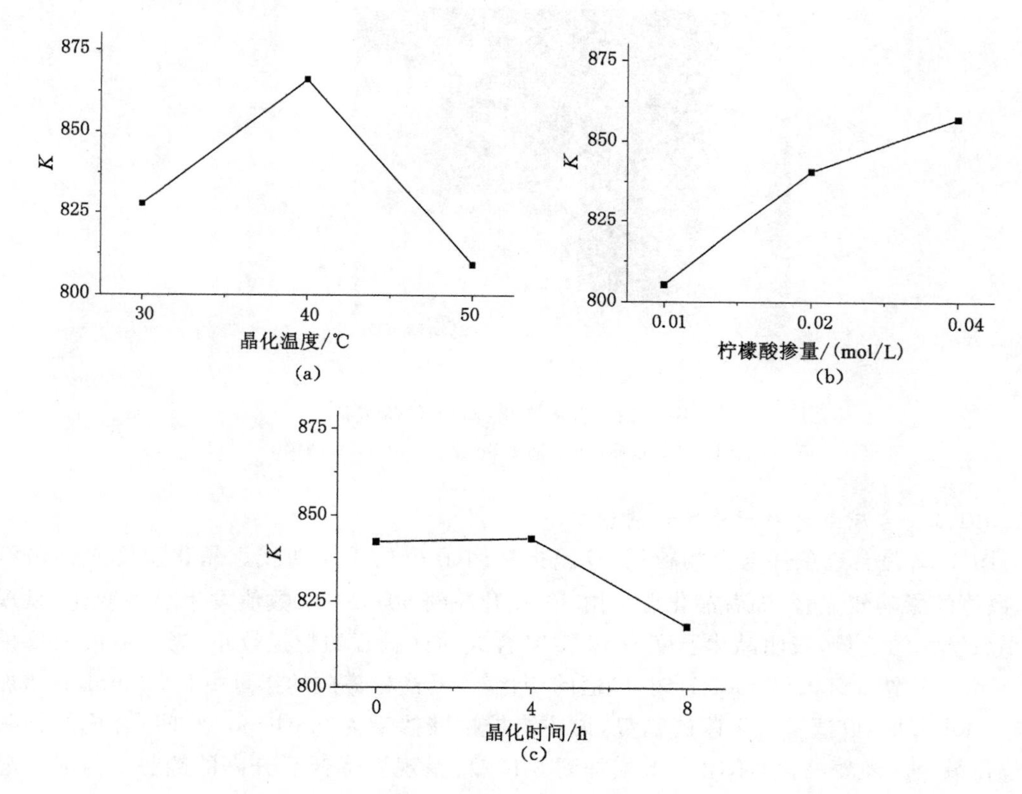


图 4-11 合成条件与指标因子 $K$ 关系曲线

(a) 晶化温度；(b) 柠檬酸掺量；(c) 晶化时间

对 z3 样品进行结构表征，如图 4-12(a)所示，图中出现了钙矾石的特征衍射峰，与标准谱图一致（PDF 卡片号为 72-0646）。晶胞参数：$a$=11.222 29，$b$=11.222 29，$c$=21.369 45，属于 P31c (159)空间群，化学式为 $Ca_6(Al(OH)_6)_2(SO_4)_3(H_2O)_{25.7}$。合成的产物在 120 ℃处的放热峰是 1 分子钙矾石脱除 20 分子的水转变为亚稳型钙矾石所导致的，230 ℃处的放热峰是由于亚稳型钙矾石脱羟基作用而产生的。图中没有出现二水石膏及碳酸钙的放热峰，说明合成的钙矾石纯度较高[图 4-12(b)]。钙矾石的 TEM 图像如图 4-12(c)所示，由图可以看出，钙矾石呈棒状，直径约 20 nm，长度在 100～200 nm 之间，为一维纳米材料。

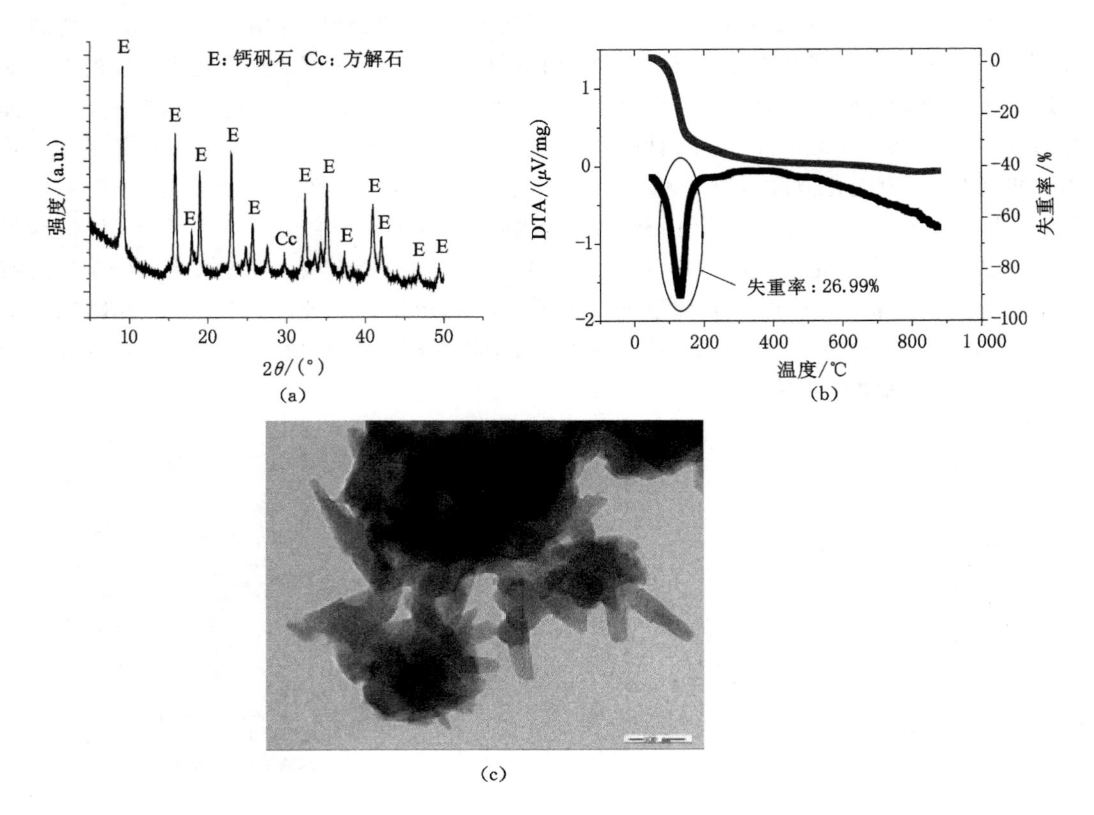


图 4-12 合成产物(z3)的结构表征

(a) XRD 谱图；(b) TG-DTA 谱图；(c) TEM 图像

4.1.3.1.2 合成条件对产物粒径的影响

图 4-13 是合成条件与产物粒径($D_{90}$)指标因子 $O$ 的关系曲线。晶化温度对钙矾石的 $D_{90}$ 数值的影响较显著，随着晶化温度由 30 ℃升高到 50 ℃，$D_{90}$ 数值发生显著变化，呈现先减小后增大的趋势，表明晶化温度为 40 ℃时合成的钙矾石的粒径较小；当柠檬酸的掺量由 0.01 mol/L增加到 0.02 mol/L 时，$O$ 值的变化较小，当柠檬酸的掺量由 0.02 mol/L 增加到 0.04 mol/L 时，$O$ 值呈现下降的趋势，说明当柠檬酸掺量为 0.04 mol/L 时，合成的钙矾石的粒径最小。随着晶化时间由 0 h 增加到 8 h，$D_{90}$ 呈现先降低后升高的趋势。与晶化温度相比，柠檬酸的掺量及晶化时间对钙矾石的 $D_{90}$ 数值的影响较小。

以钙矾石的 $D_{90}$ 数值为评价指标，得出晶化温度、柠檬酸掺量及晶化时间 3 个因素的极差 $P$ 值分别为 1.184、0.347 和 0.415，可以看出 3 个因素对钙矾石粒径的影响从大到小依次为晶化温度、晶化时间、柠檬酸掺量，其中晶化温度对钙矾石粒径的影响较大，晶化时间和柠檬酸掺量对钙矾石粒径的影响较小。根据各因素相应 $K$ 值的大小，确定钙矾石最小粒径的最优配比为 $A_1B_1C_3$，即正交试验中的第 3 组，其钙矾石的粒径为 0.65 μm。

4.1.3.2 正交试验的方差分析

通过表 4-5 与表 4-6 中 $F$ 值的比较，可以看出，$F_A > F_{0.01}(2,20)$，$F_B > F_{0.01}(2,20)$，

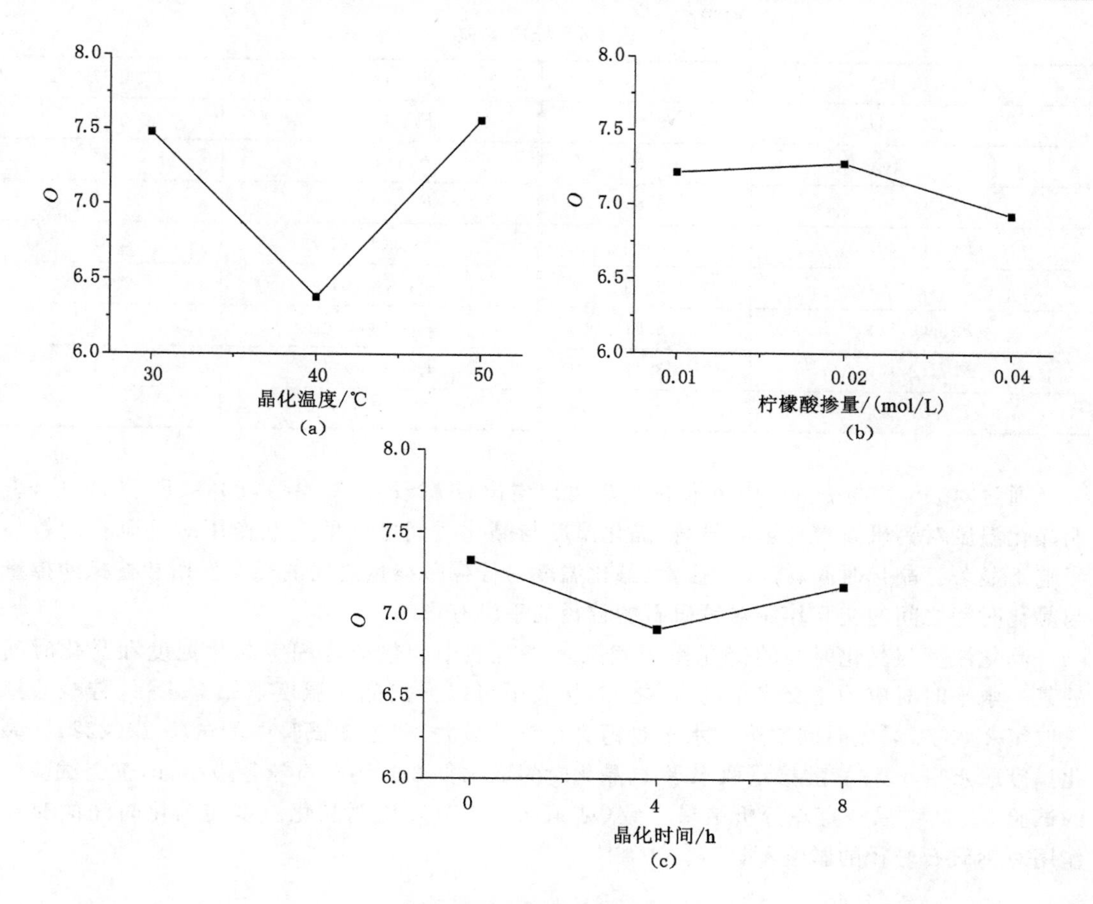


图 4-13　合成条件与指标因子 $O$ 的关系曲线

(a) 晶化温度；(b) 柠檬酸掺量；(c) 晶化时间

$F_C < F_{0.1}(2,20)$，以上结果表明晶化温度(A)及柠檬酸掺量(B)对钙矾石纯度影响显著，晶化时间(C)对钙矾石纯度影响不显著，因素 AB、BC 及 AC 之间的交互作用对合成钙矾石的纯度无影响，各因素间的一级交互作用对钙矾石纯度几乎无影响。

**表 4-5　钙矾石含量方差分析**

| 差异源 | 离均差平方和(SS) | 自由度(df) | 均方差(MS) | F | 显著性 |
|---|---|---|---|---|---|
| A | 187.054 | 2 | 93.527 | 8.371 | * * |
| B | 155.754 | 2 | 77.877 | 6.970 | * |
| C | 45.247 | 2 | 22.624 | 2.025 | |
| AB（误差 $e^{\triangle}$） | 93.406（223.464） | 4（20） | 11.173 | | |
| BC（误差 $e^{\triangle}$） | 45.597 | 4 | | | |
| AC（误差 $e^{\triangle}$） | 37.757 | 4 | | | |
| 误差 $e$（误差 $e^{\triangle}$） | 46.704 | 8 | | | |
| 总和 | 611.519 | 26 | | | |

注：* * 表示 $\alpha=0.01$ 时因素显著；* 表示 $\alpha=0.05$ 时因素显著。

表 4-6　标准 $F$ 表

| | | | |
|---|---|---|---|
| $F_{0.01}(2,16)$ | 6.23 | $F_{0.01}(4,16)$ | 4.77 |
| $F_{0.05}(2,16)$ | 3.63 | $F_{0.05}(4,16)$ | 3.01 |
| $F_{0.1}(2,16)$ | 2.67 | $F_{0.1}(4,16)$ | 2.33 |
| $F_{0.01}(2,20)$ | 5.85 | $F_{0.01}(4,20)$ | 4.43 |
| $F_{0.05}(2,20)$ | 3.49 | $F_{0.05}(4,20)$ | 2.87 |
| $F_{0.1}(2,20)$ | 2.59 | $F_{0.1}(4,20)$ | 2.25 |
| $F_{0.01}(2,14)$ | 6.51 | $F_{0.01}(4,14)$ | 5.04 |
| $F_{0.05}(2,14)$ | 3.74 | $F_{0.05}(4,14)$ | 3.11 |
| $F_{0.1}(2,14)$ | 2.73 | $F_{0.1}(4,14)$ | 2.39 |

通过对表 4-7 与表 4-5 中 $F$ 值的比较可以看出，$F_A > F_{0.01}(2,14)$，$F_{AC} < F_{0.1}(4,14)$，表明晶化温度对钙矾石粒径影响显著，晶化温度与晶化时间之间的交互作用对钙矾石的粒径影响不显著。晶化时间、柠檬酸掺量、晶化温度与柠檬酸掺量之间的交互作用和柠檬酸掺量与晶化时间之间的交互作用对钙矾石的粒径几乎没有影响。

晶化温度与晶化时间的交互作用表见表 4-8，表中的数值为固定晶化温度和晶化时间的某一水平时对应的正交表中的 $w_i$ 之和，从表中可以看出晶化温度取第 3 水平、柠檬酸掺量取第 2 水平、晶化时间取第 1 水平时钙矾石粒径最大，即正交试验中的试验 22(222)。晶化温度取水平 1、柠檬酸掺量取水平 1、晶化时间取水平 3 时钙矾石粒径最小，即正交试验中的试验 3。此结果与直观分析结果一致(见 4.1.3.1 节)，说明晶化温度与晶化时间的交互作用对钙矾石粒径的影响不显著。

表 4-7　$D_{90}$ 方差分析表

| 差异源 | 离均差平方和(SS) | 自由度(df) | 均方差(MS) | $F$ | 显著性 |
|---|---|---|---|---|---|
| A | 0.096 84 | 2 | 0.048 42 | 8.566 3 | * * |
| AC | 0.044 96 | 4 | 0.011 24 | 1.988 7 | |
| B | 0.007 69 | 2 | | | |
| AB | 0.025 21 | 4 | | | |
| C | 0.009 81 | 2 | | | |
| BC | 0.007 65 | 4 | | | |
| 误差 $e$ | 0.062 70 | 8 | | | |
| 误差 $e^{\triangle}$（B、AB、C、BC、误差 $e$ 合计） | 0.113 06 | 20 | 0.005 65 | | |
| 总和 | 0.254 86 | 26 | 0.065 31 | | |

注：* * 表示 $\alpha=0.01$ 时因素显著。

表 4-8　晶化时间与晶化温度交互作用表

| 晶化时间(C) | 晶化温度(A) | | |
|---|---|---|---|
| | 水平 1 | 水平 2 | 水平 3 |
| 水平 1 | 2.158 | 2.380 | 2.791 |
| 水平 2 | 2.137 | 2.391 | 2.514 |
| 水平 3 | 2.085 | 2.570 | 2.259 |

## 4.2　纳米钙矾石中杂质含量对 CBGM 浆体水化硬化性能的影响

4.1 节中的正交试验制备出了不同杂质(二水石膏)含量及粒径的纳米钙矾石,由于二水石膏杂质可参与浆体的水化反应,因此分析二水石膏含量对 CBGM 浆体水化硬化性能的影响具有一定的研究价值,纳米钙矾石粒径也会影响其性能。本节考察在材料粒径相同或相近的情况下,杂质的含量对 CBGM 浆体水化硬化过程的影响。根据表 4-4,选取粒径相同或相接近、钙矾石含量不同的 3 组产物,即试验 z6 组、z18 组和 z24 组,3 组试验合成的钙矾石的纯度分别为 100%(AFt-100%)、81.7%(AFt-81.7%)、91.0%(AFt-91.0%),相应的杂质含量分别为 0.0%、18.3%、9.0%,粒径分别为 0.702 μm、0.716 μm、0.717 μm。当掺加相同质量的上述 3 组样品时,可以把 3 组样品分割为不同的部分,AFt-100%样品包含 81.7%的钙矾石与 18.3%的钙矾石,AFt-91.0%样品包含 81.7%的钙矾石、9.3%的钙矾石及 9%的二水石膏,AFt-81.7%样品包含 81.7%的钙矾石和 18.3%的二水石膏。由于 3 组样品的粒径相接近,去除相同的部分(81.7%钙矾石),其区别在于 AFt-100%含有18.3%的钙矾石,AFt-91.0%样品包含 9.3%的钙矾石及 9%的二水石膏,AFt-81.7%样品包含 18.3%的二水石膏。将 AFt-100%中 9%的钙矾石替换为等质量的二水石膏得到 AFt-91.0%,再将 AFt-91.0%中 9.3%的钙矾石替换为等质量二水石膏得到 AFt-81.7%。本节中 3 组样品的掺量均为胶凝材料质量的 2%。

### 4.2.1　杂质含量对 CBGM 浆体抗压强度的影响

杂质(二水石膏)含量对 CBGM 浆体抗压强度的影响如图 4-14 所示。随着水化时间由 4 h 增长到 28 d,掺加 AFt-100%、AFt-81.7%、AFt-91.0%的 CBGM 浆体(改性 CBGM 浆体)的抗压强度均呈现逐渐增大的趋势,且 60 d 龄期时的抗压强度也没有产生倒缩现象。

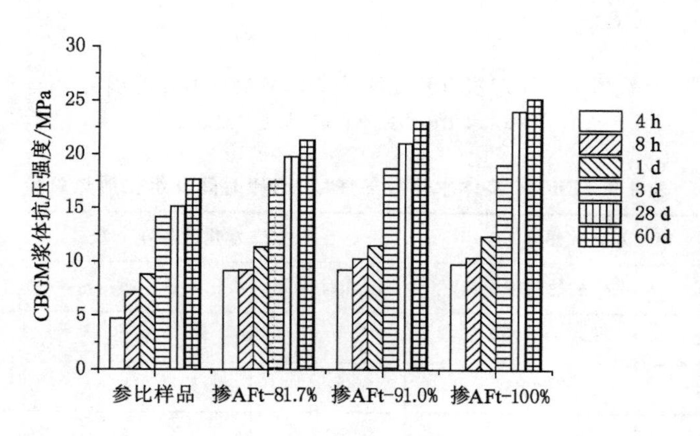


图 4-14　杂质含量对 CBGM 浆体抗压强度的影响

4 h 龄期时,参比浆体的抗压强度为 4.696 MPa,掺加 AFt-81.7%、AFt-91.0%、AFt-100%的 CBGM 浆体的抗压强度分别为 9.159 MPa、9.247 MPa、9.770 MPa,抗压强度增长

率分别为 95.0%、96.9%、108.0%。可以看出，三种样品均提高了浆体 4 h 龄期的抗压强度，当用二水石膏替代钙矾石时，抗压强度的增长率呈现下降的趋势，且二水石膏的替代量越大，浆体抗压强度的增长率越低。8 h、1 d、3 d、28 d 及 60 d 的抗压强度也呈相似规律。

### 4.2.2 杂质含量对 CBGM 浆体早期水化的影响

参比浆体及掺加不同杂质含量的 CBGM 浆体的水化放热速率及放热总量如图 4-15 所示。参比浆体和掺加 AFt-81.7%、AFt-91.0%和 AFt-100.0%的 CBGM 浆体第一放热峰的水化放热速率分别为 0.0341 W/g、0.038 9 W/g、0.041 4 W/g、0.043 5 W/g[图 4-15(a)]，说明 3 组样品的掺加均促进第一水化放热峰水化反应的进行，并且二水石膏含量越高，放热速率越小。与参比浆体相比，3 组样品均缩短了 CBGM 浆体的诱导时间，且二水石膏含量越高，诱导期越长。由表 4-9 可以看出，AFt-81.7%、AFt-91.0%、AFt-100.0%的掺加促进了水化反应的进行，且二水石膏含量越高，对水化反应的促进作用越弱。参比浆体及改性 CBGM 浆体对水化放热总量的影响如图 4-15(b)所示，可以看出，AFt-81.7%、AFt-91.0%、AFt-100.0%的掺加，均提高了 CBGM 浆体的水化放热总量，且二水石膏含量越低，水化放热总量越多(表 4-9)。

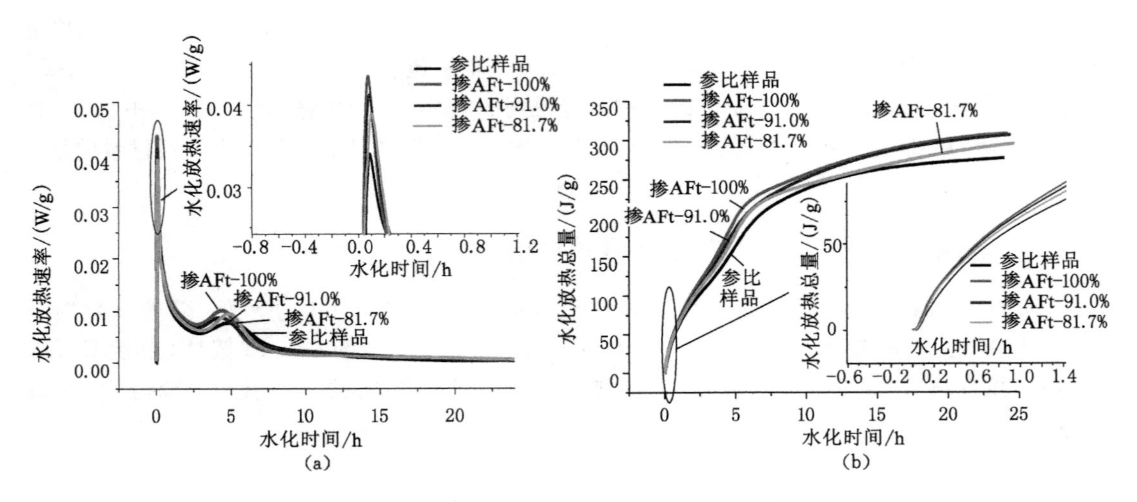


图 4-15 二水石膏含量对 CBGM 浆体水化的影响

(a) 水化放热速率；(b) 水化放热总量

**表 4-9 CBGM 浆体水化放热速率、出峰时间及水化放热总量**

| 编号 | 第一水化放热峰 | | 第二水化放热峰 | | 诱导期结束时间/h | 水化放热总量/(J/g) |
|---|---|---|---|---|---|---|
| | 出峰时间/min | 水化放热速率/(mW/g) | 出峰时间/h | 水化放热速率/(mW/g) | | |
| 参比样品 | 5.3 | 34.1 | 5.0 | 7.8 | 3.2 | 276.6 |
| AFt-81.7% | 5.3 | 39.0 | 4.9 | 9.6 | 2.9 | 293.5 |
| AFt-91.0% | 5.0 | 41.3 | 4.3 | 8.8 | 2.7 | 305.7 |
| AFt-100% | 5.0 | 43.5 | 4.2 | 10.2 | 2.7 | 307.6 |

### 4.2.3　杂质含量对 CBGM 浆体微观结构的影响

#### 4.2.3.1　水化产物的 XRD 谱图及 FT-IR 谱图分析

参比浆体及改性 CBGM 浆体的 XRD 谱图如图 4-16 所示。4 h 和 1 d 龄期时，出现了钙矾石、无水硫铝酸钙及碳酸钙的特征衍射峰，说明 CBGM 浆体的主要水化产物为钙矾石。图中出现无水硫铝酸钙的衍射峰，表明无水硫铝酸钙没有反应完全。4 h 龄期时，参比浆体和掺加 AFt-81.7%、AFt-91.0%和 AFt-100.0%的 CBGM 浆体中钙矾石的衍射峰呈现逐渐增强的趋势，同时无水硫铝酸钙的衍射峰呈现逐渐减弱的趋势。

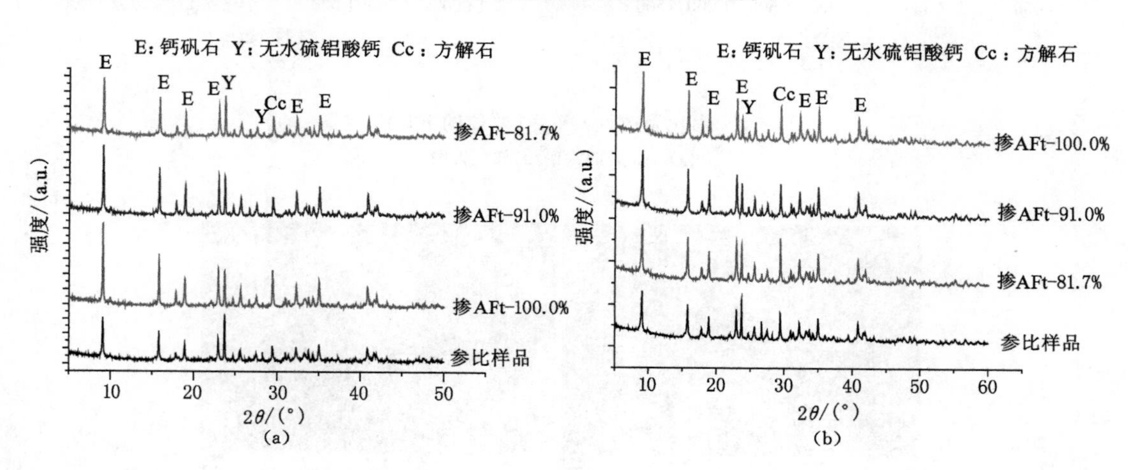


图 4-16　参比及改性 CBGM 浆体的 XRD 谱图

(a) 龄期 4 h；(b) 龄期 1 d

1 d 龄期时，参比浆体和掺加 AFt-81.7%、AFt-91.0%、AFt-100.0%的 CBGM 浆体中钙矾石及无水硫铝酸钙的特征衍射峰的变化趋势与 4 h 龄期时相似，说明 3 组样品的掺加均促进了 CBGM 浆体的水化，且二水石膏含量越低，对 CBGM 浆体的水化促进作用越强。参比浆体与改性 CBGM 浆体的特征衍射峰位置一致，说明 3 组样品的掺加没有生成新的水化产物。

1 d 龄期时，参比浆体及改性 CBGM 浆体的红外谱图如图 4-17(a)所示。3 635 $cm^{-1}$和 3 485 $cm^{-1}$处的红外吸收峰是结合水中的羟基及铝胶中羟基的伸缩振动造成的，987 $cm^{-1}$处的红外吸收峰是铝胶的 Al—O 键的伸缩振动造成的[图 4-17(b)]。1 480 $cm^{-1}$处红外吸收峰是碳酸根的伸缩振动造成的，522 $cm^{-1}$处红外吸收峰是 Si—O 键的伸缩振动造成的，879 $cm^{-1}$处的红外吸收峰为钙矾石的特征吸收峰；1 115 $cm^{-1}$处强而尖的红外吸收峰是 $SO_4^{2-}$ 的振动造成的，其原因是形成了水化硫铝酸钙。浆体中有 Al—O 键的伸缩振动峰，表明 1 d 龄期时 CBGM 浆体中有铝胶剩余，并未消耗完毕。参比与改性 CBGM 浆体的红外谱图吸收峰的位置一致，说明二水石膏含量的变化并没有改变水化产物的种类。

#### 4.2.3.2　水化产物的 SEM-EDS 图像

参比浆体及掺加 AFt-100%的 CBGM 浆体的 SEM-EDS 图像如图 4-18 所示。可以看到，参比浆体中有大量针状的水化产物，经 EDS 测试，该水化产物为钙矾石晶体[图 4-18(d)]、立

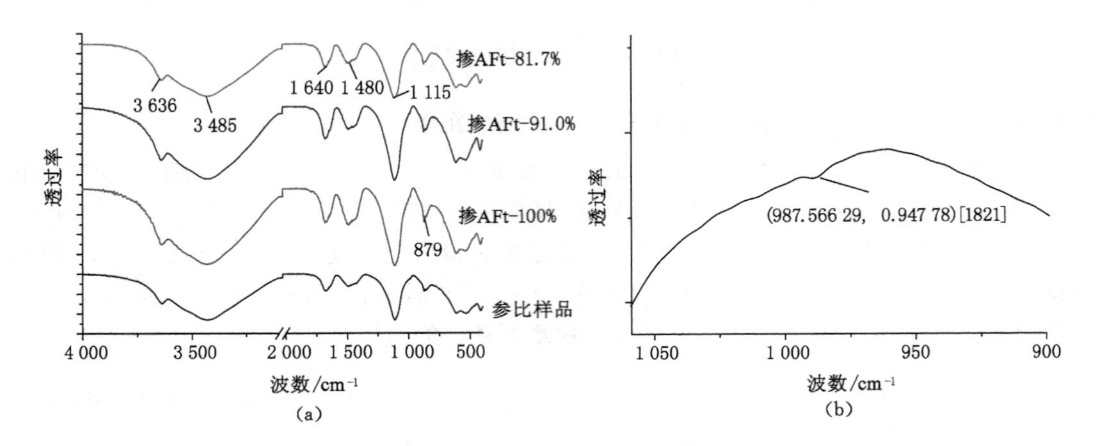


图 4-17　参比及改性 CBGM 浆体的 FT-IR 谱图

(a) 1 d 龄期；(b) 局部放大图

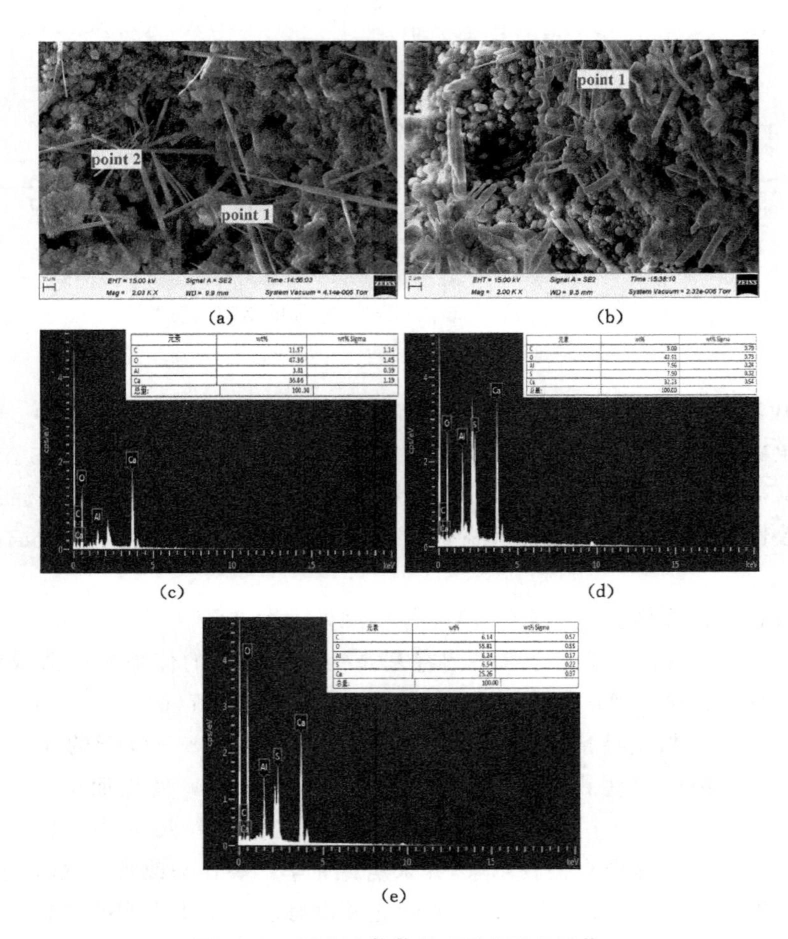


图 4-18　CBGM 浆体的 SEM-EDS 图像

(a) 参比浆体；(b) 掺加 AFt-100%的 CBGM 浆体；(c) 图(a)中 point 1 处的 EDS 图像；
(d) 图(a)中 point 2 处的 EDS 图像；(e) 图(b)中 point 1 处的 EDS 图像

方块状的水化产物——碳酸钙[图 4-18(c)]及大量凝胶状的物质——铝胶。当加入 2%AFt-100%,浆体的结构非常致密,钙矾石的直径增大,由细针状转变为细棒状[图 4-18(e)]。以上现象说明 AFt-100%的掺加诱导了 CBGM 浆体中钙矾石的结晶习性,使得钙矾石的形貌由针状变为细棒状。

综上所述,可以看出二水石膏含量影响 CBGM 浆体的水化速率、早期及中后期的抗压强度。CBGM 浆体的水化产物主要为铝胶和钙矾石。铝胶可以参与水化反应,因此铝胶生成量与浆体力学性能之间较难建立关系。AFt-81.7%、AFt-91.0%和 AFt-100.0%中含有不同量的二水石膏杂质,该杂质可参与水泥基材料的水化反应生成钙矾石,水化产物钙矾石的生成量与浆体力学性能之间也存在复杂的关系。

## 4.3 纳米钙矾石粒径对 CBGM 浆体水化硬化性能的影响

由图 4-12 中的 TEM 图像可知,合成的钙矾石在两个维度上处于纳米级别,属于一维纳米材料。本节考察材料纯度相同或相近的情况下钙矾石的粒径对 CBGM 浆体水化硬化过程的影响。根据表 4-4,选取纯度相同或相近、钙矾石粒径不同的 3 组产物,即试验 z4 组、z12 组和 z13 组。3 组材料的钙矾石的纯度分别为 97.0%、97.0%和 96.9%,粒径分别为 0.703 μm、0.972 μm和 0.860 μm。3 组不同粒径的钙矾石分别记为 AFt-4、AFt-12、AFt-13。钙矾石的掺量为胶凝材料质量的 2%。

### 4.3.1 纳米钙矾石粒径对 CBGM 浆体抗压强度的影响

掺加不同粒径钙矾石的 CBGM 浆体(改性 CBGM 浆体)的抗压强度如图 4-19 所示。随着水化时间由 4 h 增长到 60 d,掺加不同粒径钙矾石的 CBGM 浆体的抗压强度呈现逐渐增大的趋势,说明不同粒径钙矾石的掺加不仅提高了 CBGM 浆体早期的抗压强度,60 d 龄期时的抗压强度也有增长。

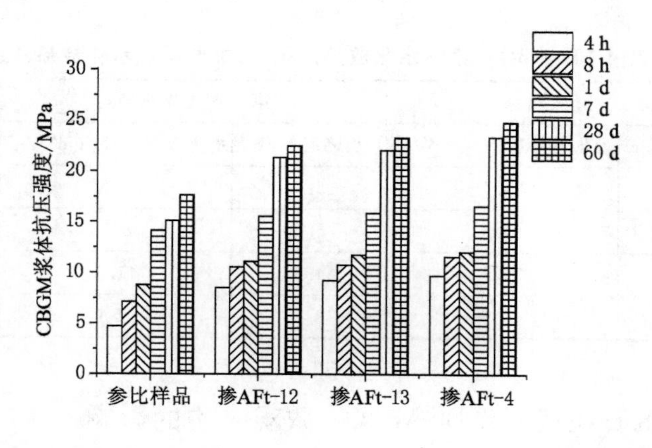


图 4-19 参比及改性 CBGM 浆体的抗压强度

4 h 龄期时,参比浆体的抗压强度为 4.696 MPa,掺加 AFt-4、AFt-12、AFt-13 的 CBGM 浆体的抗压强度分别为 9.691 MPa、8.512 MPa、9.218 MPa,抗压强度增长率分别为 106.3%、81.3%和 96.3%,可以看出,不同粒径钙矾石的掺加均提高了 4 h 龄期的抗压强度，且随着钙矾石粒径的减小而增大。8 h、1 d、3 d 及 28 d 的抗压强度也呈现相似规律。

### 4.3.2 纳米钙矾石粒径对 CBGM 浆体早期水化的影响

参比浆体及掺加不同粒径钙矾石的 CBGM 浆体的水化放热速率及放热总量如图 4-20 所示。参比浆体和掺加 AFt-12、AFt-13 和 AFt-4 的 CBGM 浆体的第一水化放热峰的水化放热速率分别为 0.034 08 W/g、0.035 87 W/g、0.037 86 W/g、0.038 64 W/g(表 4-10)，表明纳米钙矾石的掺加促进了 CBGM 浆体第一水化放热峰的水化，且粒径越小，促进作用越显著。纳米钙矾石影响 CBGM 浆体的诱导时间，且钙矾石粒径越小，诱导期越短。不同粒径钙矾石的掺加均促进了 CBGM 浆体加速期的水化，且粒径越小，加速效应越显著。不同粒径钙矾石对 CBGM 浆体水化放热总量的影响如图 4-20(b)所示，可以看出，钙矾石的增加，均增加了 CBGM 浆体的水化放热总量，且粒径越小，水化放热总量越多，促进浆体水化的作用越显著。

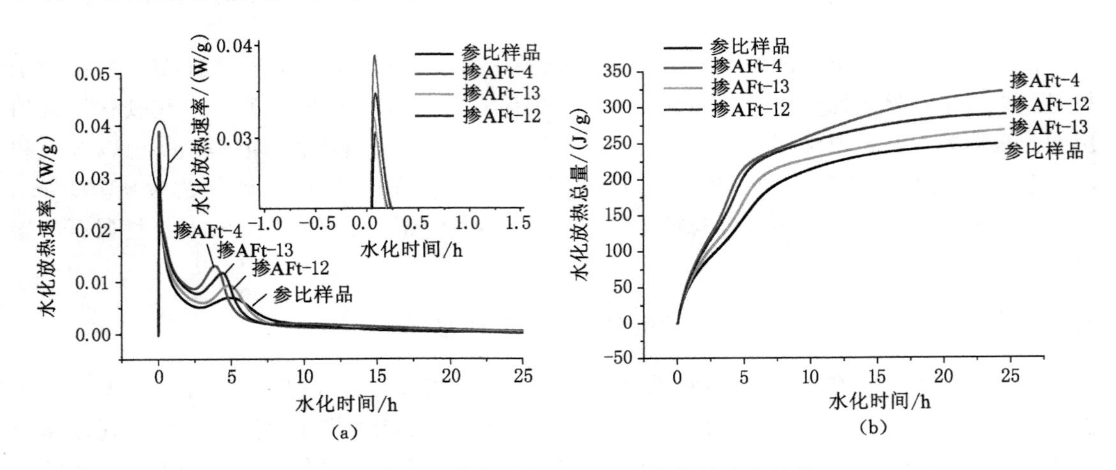


图 4-20 参比浆体及改性 CBGM 浆体的水化放热

(a) 水化放热速率；(b) 水化放热总量

**表 4-10 CBGM 浆体水化放热速率、出峰时间及水化放热总量**

| 编号 | 第一水化放热峰 | | 第二水化放热峰 | | 诱导期结束时间/h | 水化放热总量/(J/g) |
|---|---|---|---|---|---|---|
| | 出峰时间/min | 水化放热速率/(mW/g) | 出峰时间/h | 水化放热速率/(mW/g) | | |
| 参比样品 | 5.3 | 34.1 | 5.0 | 7.8 | 3.2 | 276.6 |
| AFt-12 | 5.3 | 41.5 | 5.4 | 8.0 | 3.1 | 304.2 |
| AFt-13 | 5.1 | 36.7 | 4.4 | 11.3 | 2.6 | 307.9 |
| AFt-4 | 4.9 | 43.5 | 3.9 | 12.9 | 2.5 | 317.5 |

### 4.3.3 纳米钙矾石粒径对 CBGM 浆体微观结构的影响

#### 4.3.3.1 水化产物的 XRD 谱图及 FT-IR 谱图分析

参比浆体及改性 CBGM 浆体的 XRD 谱图如图 4-21 所示。4 h 和 1 d 龄期时，出现了钙矾石、无水硫铝酸钙及碳酸钙的特征衍射峰，说明钙矾石为 CBGM 浆体的主要水化产物，无水硫铝酸钙作为反应物没有反应完全。4 h 龄期时，参比浆体和掺加 AFt-12、AFt-13 和

AFt-4 的 CBGM 浆体中钙矾石的衍射峰呈现逐渐增强的趋势，无水硫铝酸钙的衍射峰呈现逐渐减弱的趋势，且 1 d 龄期时，参比浆体及改性 CBGM 浆体中的钙矾石、无水硫铝酸钙特征衍射峰的变化趋势与 4 h 龄期时相似，说明纳米钙矾石的掺加促进了 CBGM 浆体的水化，且粒径越小，对 CBGM 浆体的水化促进作用越强。参比浆体与改性 CBGM 浆体的 XRD 特征衍射峰位置一致，说明纳米钙矾石的掺加没有生成新的水化产物。

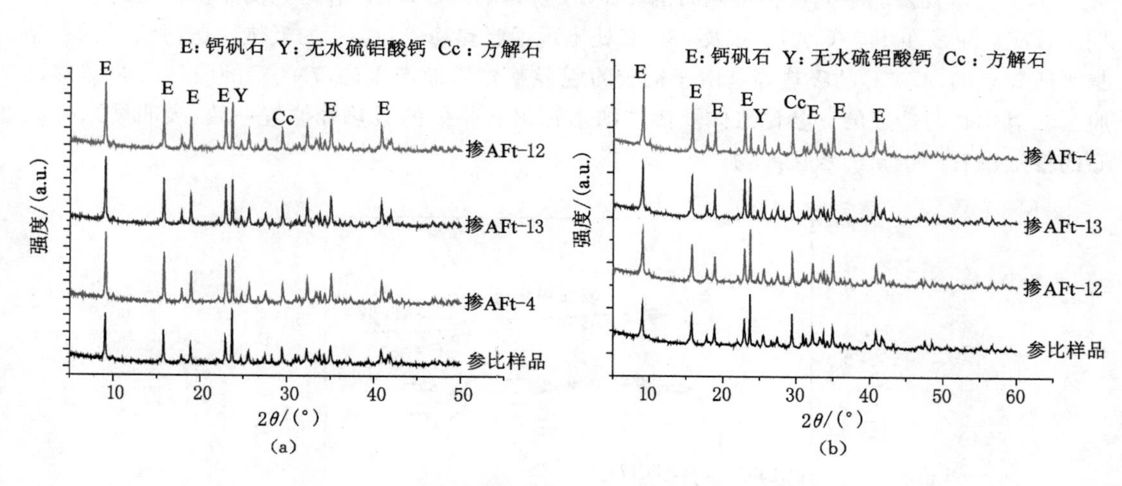


图 4-21　参比浆体及改性 CBGM 浆体的 XRD 谱图

(a) 龄期 4 h；(b) 龄期 1 d

1 d 龄期时，参比浆体及改性 CBGM 浆体的红外谱图如图 4-22(a)所示。3 635 $cm^{-1}$和 3 485 $cm^{-1}$处的红外吸收峰是结合水中的羟基及铝胶中羟基的伸缩振动造成的[154]，987 $cm^{-1}$处的红外吸收峰是铝胶的 Al—O 键的伸缩振动造成的[图 4-22(b)][155-156]。1 480 $cm^{-1}$处红外吸收热是碳酸根的伸缩振动造成的，522 $cm^{-1}$处红外吸收热是 Si—O 键的伸缩振动造成的，879 $cm^{-1}$处的红外吸收峰为钙矾石的特征吸收峰；1 115 $cm^{-1}$处强而尖的红外吸收峰是 $SO_4^{2-}$ 的振动造成的[157-158]，其原因是形成了水化硫铝酸钙。浆体中有 Al—

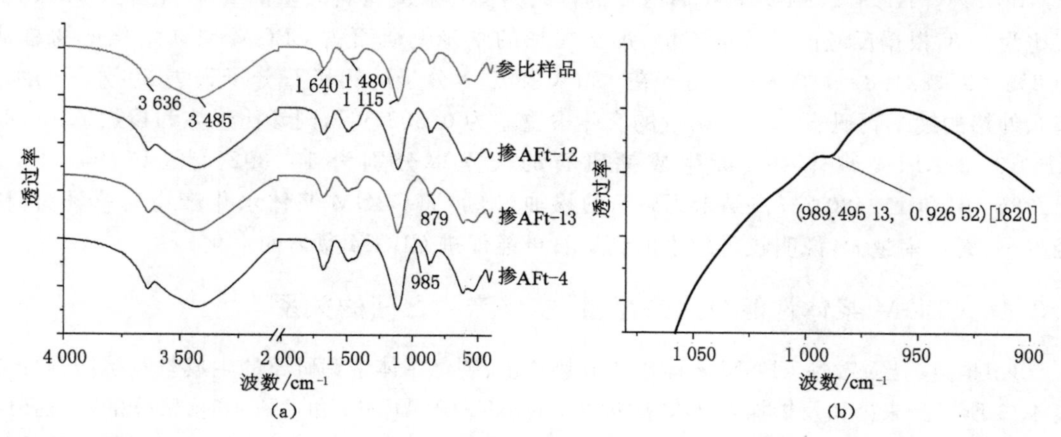


图 4-22　参比浆体及改性 CBGM 浆体的 FT-IR 谱图

(a) 龄期 1 d；(b) 局部放大图

O键的伸缩振动峰，表明1 d龄期时CBGM浆体中有铝胶剩余，并未消耗完毕。参比样品与掺加LiAl-LDH的CBGM样品的红外谱图吸收峰的位置一致，说明钙矾石粒径的变化并没有新的水化产物产生。由红外谱图可知，铝胶为CBGM浆体的水化产物。

#### 4.3.3.2 水化产物的TG-DTA分析

参比浆体及掺加不同粒径钙矾石的CBGM浆体的TG-DTA谱图如图4-23所示。1 d龄期时，DTA曲线在110 ℃、270 ℃及730 ℃处出现了吸热峰。110 ℃的吸热峰是钙矾石脱去晶格水所导致的，270 ℃的吸热峰是由于铝胶的脱羟基作用而产生的，730 ℃的吸热峰是碳酸钙脱去二氧化碳所造成的。参比浆体及掺加纳米钙矾石浆体的吸热峰位置一致，表明纳米钙矾石的掺加没有产生新的水化产物。

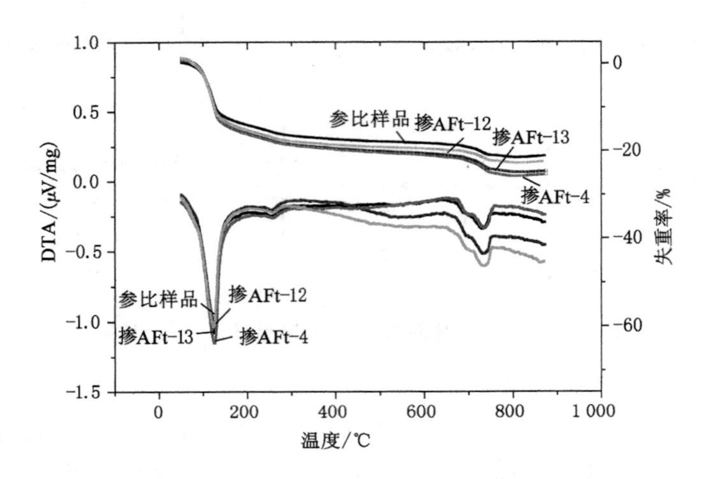


图4-23 参比浆体及改性CBGM浆体的TG-DTA谱图

由TG曲线可以看出，钙矾石在120 ℃附近受热失重，参比浆体和掺加AFt-12、AFt-13和AFt-4的CBGM浆体120 ℃时的失重率分别为10.392 8%、11.276 6%、11.635 9%及11.730 2%。AFt-12、AFt-13和AFt-4的掺量为固体胶凝材料质量的2%，纯度为97%，水灰比为0.8，根据反应前后质量守恒，那么掺加的纳米钙矾石占CBGM浆体水化产物总量的2%×97%/1.8=1.078%。由于在120 ℃附近1分子的钙矾石分子失去20分子的水，那么外掺的纳米钙矾石120 ℃附近的实际失重率为0.309 5%，则参比浆体和掺加AFt-12、AFt-13和AFt-4浆体中实际生成钙矾石的失重率分别为10.392 8%、10.967 1%、11.326 4%和11.420 7%。纳米钙矾石的掺加，增加了CBGM浆体水化产物的总量，且粒径越小，失重率越大，说明粒径较小的钙矾石更能促进CBGM浆体的水化。

### 4.3.4 CBGM浆体性能与放热总量、水化产物之间的关系

1 d时，参比及改性CBGM浆体水化放热总量、硬化浆体中钙矾石的生成量及抗压强度如表4-11所示。未掺加及掺加CBGM质量2%的AFt-12、AFt-13和AFt-4时，浆体的抗压强度分别为8.79 MPa、11.07 MPa、11.73 MPa和12.06 MPa，随着纳米钙矾石粒径的减小，浆体的抗压强度呈现逐渐增大的趋势；水化放热总量分别为276.60 J/g、304.20 J/g、307.90 J/g及317.52 J/g，呈现逐渐增大的趋势。硬化浆体中发生水化反应而生成的钙矾石的含量分别为

10.392 8%、10.967 1%、11.326 4%和 11.420 7%。可以看出,纳米钙矾石提高了浆体水化产物的生成量,且粒径越小,水化产物的含量越高,浆体的抗压强度提高越显著。

**表 4-11　CBGM 浆体钙矾石生成量、水化放热总量与抗压强度的关系(龄期 1 d)**

| | 参比样品 | 掺加 AFt-12 | 掺加 AFt-13 | 掺加 AFt-4 |
|---|---|---|---|---|
| AFt 总含量/% | 10.39 | 11.28 | 11.64 | 11.73 |
| 水化生成的 AFt 含量/% | 10.39 | 10.97 | 11.32 | 11.42 |
| 水化放热总量/(J/g) | 276.60 | 304.20 | 307.90 | 317.52 |
| 抗压强度/MPa | 8.79 | 11.07 | 11.73 | 12.06 |

纳米钙矾石的存在,提供了水化产物钙矾石结晶时的成核位,降低了成核能,使得更多的分子能够参与水化反应并在纳米钙矾石晶种上发生结晶,生成更多的水化产物,同时纳米钙矾石诱导水化产物的形貌发生改变。

## 4.4　纳米钙矾石改性 CBGM 浆体的水化动力学参数拟合

化学反应动力学可用于分析反应过程中的内因和外因对反应速率和反应方向的影响,从而揭示反应的宏观或微观机理。本节拟通过化学反应动力学研究纳米钙矾石对 CBGM 浆体水化动力学参数的影响规律,以探索纳米钙矾石对 CBGM 的改性机理。

依据 3.4 节中式(3-2)、式(3-3)及式(3-4)拟合参比 CBGM 浆体、掺加纳米钙矾石的 CBGM 浆体的水化动力学参数。由表 4-12 可以看出,参比 CBGM 浆体水化加速期受成核结晶(NG)控制,减速期受扩散过程及成核结晶(D 及 NG)控制,稳定期受扩散过程(D)控制。当掺加 CBGM 质量 2%的 AFt-6 时,CBGM 的加速期及减速期均受扩散过程和成核结晶过程(D 及 NG)双重控制,稳定期受扩散过程(D)控制。AFt-100%的掺加使得 CBGM 浆体的加速期由受成核结晶(NG)控制转变为受扩散过程及成核结晶过程(D 及 NG)双重控制,说明 AFt-100%作为晶核位,促进成核结晶反应。AFt-6 的掺加没有改变 CBGM 浆体水化减速期及稳定期的速率控制步骤。

**表 4-12　水化动力学拟合参数**

| | $Q_{max}$/(J/g) | $t_{50}$/h | 加速期 | | 减速期 | | 衰减期 | |
|---|---|---|---|---|---|---|---|---|
| | | | $N$ | $K/h^{-1}$ | $N$ | $K/h^{-1}$ | $N$ | $K/h^{-1}$ |
| 参比浆体 | 427.35 | 9.35 | 0.86 | $7.13\times10^{-2}$ | 0.97 | $5.50\times10^{-2}$ | 1.91 | $6.01\times10^{-3}$ |
| AFt-2% | 403.24 | 5.48 | 1.07 | $9.61\times10^{-2}$ | 1.19 | $2.72\times10^{-2}$ | 2.51 | $5.0\times10^{-3}$ |

## 4.5　纳米锂铝类水滑石及钙矾石对 CBGM 性能影响的对比研究

本节用纳米 LiAl-LDH(SLDH-j)浆料及钙矾石(z3)浆料改性 CBGM 浆体,纳米浆料经过表面活性剂分散和超声处理后使用。以抗压强度和凝结时间为评价指标，优选改性效果较好的纳米材料，为研究 CBGM 组成对纳米材料性能的影响奠定基础。

### 4.5.1 纳米材料对 CBGM 浆体抗压强度的影响

注浆材料早期的力学性能（抗压强度）是决定其能否应用于该领域的关键因素，在抢修抢建、堵漏加固等特殊工程中早期力学性能尤为重要。本节考察纳米钙矾石和纳米 LiAl-LDH 浆料对 CBGM 浆体抗压强度的影响，两种纳米材料的掺量均为 0%、0.5%、1.0%、2.0%、3.0%及 4.0%。

掺加纳米钙矾石和纳米 LiAl-LDH 的 CBGM 浆体的抗压强度增长率（相对于参比浆体）如图 4-24 和图 4-25 所示。4 h 龄期时，纳米钙矾石和纳米 LiAl-LDH 的掺加均提高了 CBGM 浆体的抗压强度。当纳米钙矾石的掺量为 0.5%、1.0%、2.0%、3.0%、4.0%时，抗压强度的增长率分别为 25.3%、80.2%、93.1%、100.8%、139.3%；当掺加等量的纳米 LiAl-LDH 时，抗压强度的增长率分别为 67.6%、122.1%、197.5%、230.9%、253.9%。可以看出，4 h 龄期时，与纳米钙矾石相比，纳米 LiAl-LDH 具有较强的提高早期强度的能力；60 d 龄期时，当纳米钙矾石的掺量为 0.5%、1.0%、2.0%、3.0%、4.0%时，抗压强度的增长率分别为 13.6%、22.6%、28.3%、37.9%、44.6%；当掺加等量的 LiAl-LDH 时，抗压强度的增长率分别为 15.8%、28.5%、33.8%、52.4%、58.0%。可以看出，与纳米钙矾石相比，60 d 龄期时纳米 LiAl-LDH 仍然能够较好地提高抗压强度。

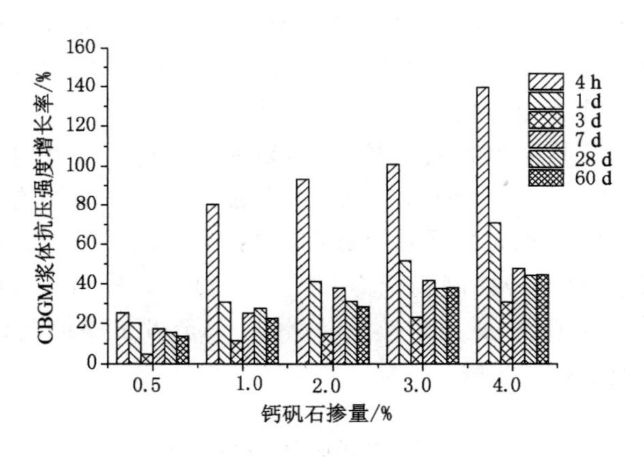


图 4-24 掺加钙矾石的 CBGM 浆体的抗压强度增长率

### 4.5.2 纳米材料对 CBGM 浆体凝结时间的影响

注浆材料的凝结时间是指 A 液和 B 液在被加固处接触后浆体（CBGM 浆体）的凝结时间，包括初凝时间和终凝时间。

不同种类纳米材料对 CBGM 浆体凝结时间的影响如图 4-26 所示。参比浆体的初凝时间和终凝时间分别为 10.1 min 和 35.2 min，加入 0.5%的 LiAl-LDH 时，初凝时间和终凝时间分别为 7.8 min 和 20.9 min，分别缩短了 22.77%和 40.63%；掺加等量的纳米钙矾石时，CBGM 浆体的初凝时间和终凝时间分别为 8.9 min 和 23.6 min，分别缩短了 11.88%和 32.95%。进一步增大 LiAl-LDH 的掺量至 2.0%时，CBGM 浆体的初凝时间和终凝时间分别为 5.8 min 和

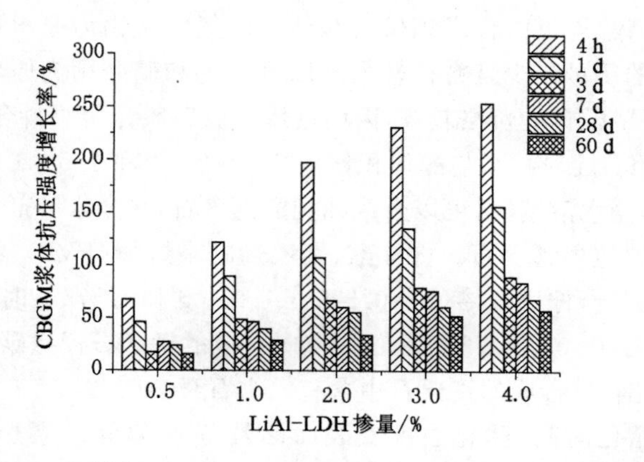


图 4-25 掺加 LiAl-LDH 的 CBGM 浆体的抗压强度增长率

17.0 min，分别缩短了 42.57%和 51.70%；掺加等量的纳米钙矾石时，CBGM 浆体的初凝时间和终凝时间分别为 7.6 min 和 21.0 min，分别缩短了 24.75%和40.34%。当 LiAl-LDH 的掺量为 4%时，CBGM 浆体的初凝时间和终凝时间分别为 3.8 min 和 12.4 min，分别缩短了 62.38%和 64.77%；掺加等量纳米钙矾石的 CBGM 浆体的初凝时间和终凝时间分别变为 6.4 min 和 15.4 min，分别缩短了 36.63%和 56.25%。当纳米材料掺量为 1.0%、1.5%、2.5%、3.0%和 3.5%时，掺加纳米 LiAl-LDH 和纳米钙矾石的 CBGM 浆体也呈现相似的规律。因此，与纳米钙矾石相比，纳米 LiAl-LDH 能够更大程度地缩短 CBGM 浆体的初凝时间和终凝时间。

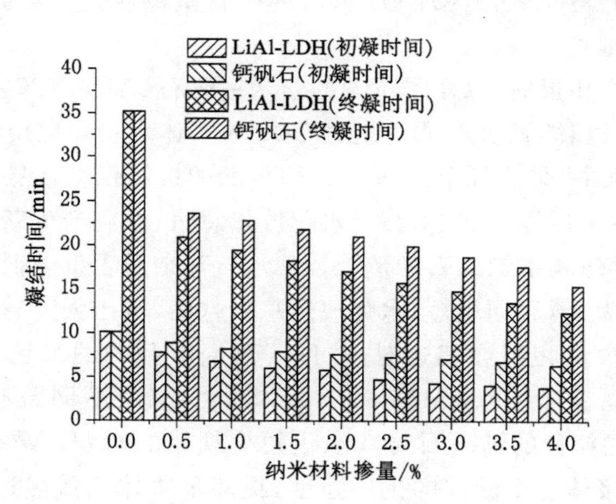


图 4-26 纳米材料对 CBGM 浆体凝结时间的影响

综上所述，以 CBGM 浆体抗压强度和凝结时间为评价指标，优选 LiAl-LDH 改性 CBGM 浆体。

## 4.6 本章小结

(1) 采用单因素试验合成纳米钙矾石，依次研究了原材料中钙盐的种类、溶剂组成、晶化时间、晶化温度及表面活性剂的种类对钙矾石纯度的影响。结果表明，以三种钙盐（硝酸钙、氢氧化钙和甲酸钙)为原料,均可以合成钙矾石晶体。以氢氧化钙为原料制备钙矾石,相同体积溶剂中制得的钙矾石的质量较少且粒径较大。以甲酸钙和硝酸钙为原料合成的钙矾石,形貌和粒径变化不大,但因甲酸钙的价格较高,因而选用了以硝酸钾为原料合成钙矾石晶体。溶剂的组成对钙矾石的纯度有影响,水与醇体积比为 3∶1、2∶1 和 1.5∶1 时有二水石膏杂质,水与醇体积比为 4∶1 和全水溶剂时,可以合成纯相的钙矾石;在全水溶剂中,不同晶化时间和晶化温度均可以制备得到纯相钙矾石。柠檬酸、聚乙烯吡咯烷酮(PVP)及酒石酸 3 种表面活性剂对钙矾石的纯度有影响,柠檬酸掺量为 0.525 g、1.050 g 和 1.575 g 时均能制备钙矾石晶体,聚乙烯吡咯烷酮掺量为 0.50 g、0.75 g 及 1.00 g 时合成的钙矾石伴有碳酸钙杂质;酒石酸的掺量在 2.25～4.50 g 范围时,合成的钙矾石中含有二水石膏杂质。

(2) 溶剂组成、晶化时间、晶化温度及表面活性剂种类等因素影响钙矾石的特性,但无法判断各因素之间的交互作用是否对钙矾石的特性有影响。选用晶化温度、表面活性剂掺量及晶化时间 3 个因素设计带有交互作用的 $L_{27}(3^3)$ 正交试验,结果表明,晶化温度及柠檬酸的掺量对钙矾石纯度影响较大,晶化时间对钙矾石纯度影响较小,各因素间的一级交互作用对钙矾石纯度几乎无影响。晶化温度对钙矾石粒径影响显著,晶化温度与晶化时间之间交互作用对钙矾石的粒径影响不显著。晶化时间、柠檬酸掺量、晶化温度与柠檬酸掺量之间的交互作用和柠檬酸掺量与晶化时间之间的交互作用对钙矾石的粒径几乎没有影响。若掺加0.04 mol/L 柠檬酸到钙盐中,40 ℃晶化 4 h 可制备纯度较高的钙矾石样品,其结构属于 P31c (159)空间群,晶胞参数 $a=11.222\,29$,$b=11.222\,29$,$c=21.369\,45$,化学式为 $Ca_6(Al(OH)_6)_2(SO_4)_3(H_2O)_{25.7}$。钙矾石呈棒状,直径约 20 nm,长度在 100～200 nm 之间,属于一维纳米材料。

(3) 当粒径相同或相近时,选用了不同的纳米钙矾石(AFt-81.7%、AFt-91.0%和 AFt-100.0%)改性 CBGM 浆体,研究杂质含量对 CBGM 浆体水化硬化规律的影响。结果表明,3 种样品均可提高 CBGM 浆体各个龄期(4 h～60 d)的抗压强度,促进了浆体第一及第二放热峰的放热速率,缩短了诱导时间,提高了水化放热总量,没有产生新的水化产物,但增加了水化产物的生成量,并影响了钙矾石的形貌。二水石膏杂质含量越低,浆体第一及第二放热峰的水化放热速率越大,诱导期越短,水化放热总量越高,抗压强度越高。

(4) 钙矾石百分含量相同或相近时,选用了不同粒径的纳米钙矾石,AFt-4、AFt-13、AFt-12 粒径分别为 0.703 μm、0.860 μm、0.972 μm。用不同粒径的纳米钙矾石改性 CBGM 浆体,研究不同粒径的钙矾石对其水化硬化规律的影响。结果表明,纳米钙矾石的掺加,提高了 CBGM 浆体各个龄期的抗压强度,提高了浆体的放热速率,缩短了诱导时间,提高了水化放热总量;纳米钙矾石的掺加没有改变水化产物的类型,但增加了水化产物的生成量,并对水化产物的形貌有影响。纳米钙矾石的粒径越小,水化放热速率越大,诱导期越短,水化放热总量越高,水化产物生成量越多。

(5) AFt-100.0%的掺加使得 CBGM 浆体水化加速期的速率控制步骤由成核晶化控制转变为由成核晶化和扩散双重控制,说明纳米钙矾石提供了水化产物成核位,促进了浆体的水化反应。与钙矾石相比,纳米 LiAl-LDH 能够较好地提高早期和中后期抗压强度,缩短初凝时间和终凝时间,优选纳米 LiAl-LDH 作为后续使用的纳米材料。

# 5 CBGM 浆体体系组成对纳米 LiAl-LDH 增强规律的影响研究

纳米材料对水泥基材料的增强作用除了与纳米材料的特性有关外，还与纳米材料所在体系的组成有重要关系。第 3 章和第 4 章从纳米材料特性出发，研究纳米材料对 CBGM 浆体水化硬化规律的影响。本章研究 CBGM 体系组成（减水剂类型及掺量、悬浮剂掺量及水灰比）对纳米材料性能的影响规律，基于水化热分析、热分析、X 射线衍射分析、傅立叶红外光谱分析、总有机碳吸附测试、流变参数测试等阐明影响纳米材料性能的因素。

## 5.1 减水剂对纳米 LiAl-LDH 增强性能的影响

### 5.1.1 萘系减水剂对纳米 LiAl-LDH 增强性能的影响

减水剂的使用可提高 CBGM 浆体及纳米材料的分散性，保证施工过程中浆体能够顺利泵送至加固处。为保证浆体的流动性能，本节萘系减水剂的用量不低于 1.5%。

#### 5.1.1.1 萘系减水剂掺量对 CBGM 浆体抗压强度的影响

萘系减水剂掺量对参比浆体（不掺加 LiAl-LDH 的 CBGM 浆体）和纳米改性浆体（掺加 LiAl-LDH 的 CBGM 浆体）各个龄期的抗压强度如图 5-1 所示。

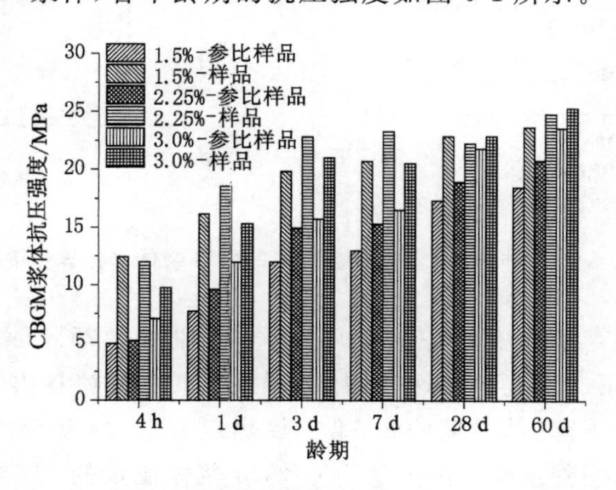


图 5-1 掺加萘系减水剂的 CBGM 浆体的抗压强度

4 h 龄期时，当掺加1.50%、2.25%和 3.00%的萘系减水剂时，参比浆体的抗压强度分别为 4.906 MPa、5.159 MPa 和 7.077 MPa，纳米改性浆体的抗压强度分别为 12.439 MPa、12.502 MPa和 9.762 MPa。可以看出，纳米 LiAl-LDH 的掺加使得 CBGM 浆体的抗压强度显著提高，且随着萘系减水剂掺量的增加，抗压强度增长率分别为 154.6%、142.3%和 37.9%，说明当萘系减水剂的掺量由 1.50%增加到 3.00%时，纳米 LiAl-LDH 对 CBGM 浆体的抗压强度提高能力降低。1 d、3 d、7 d、28 d 及 60 d 龄期时，参比浆体的抗压强度同样随着萘系减水剂掺量的增加而降低，纳米 LiAl-LDH 的掺加提高了各个龄期的抗压强度，且随着萘系减水剂掺量的增加，其抗压强度增长率逐渐下降。

#### 5.1.1.2　萘系减水剂掺量对 CBGM 浆体水化热的影响

参比及纳米改性浆体的水化放热速率和水化放热总量如图 5-2 所示。

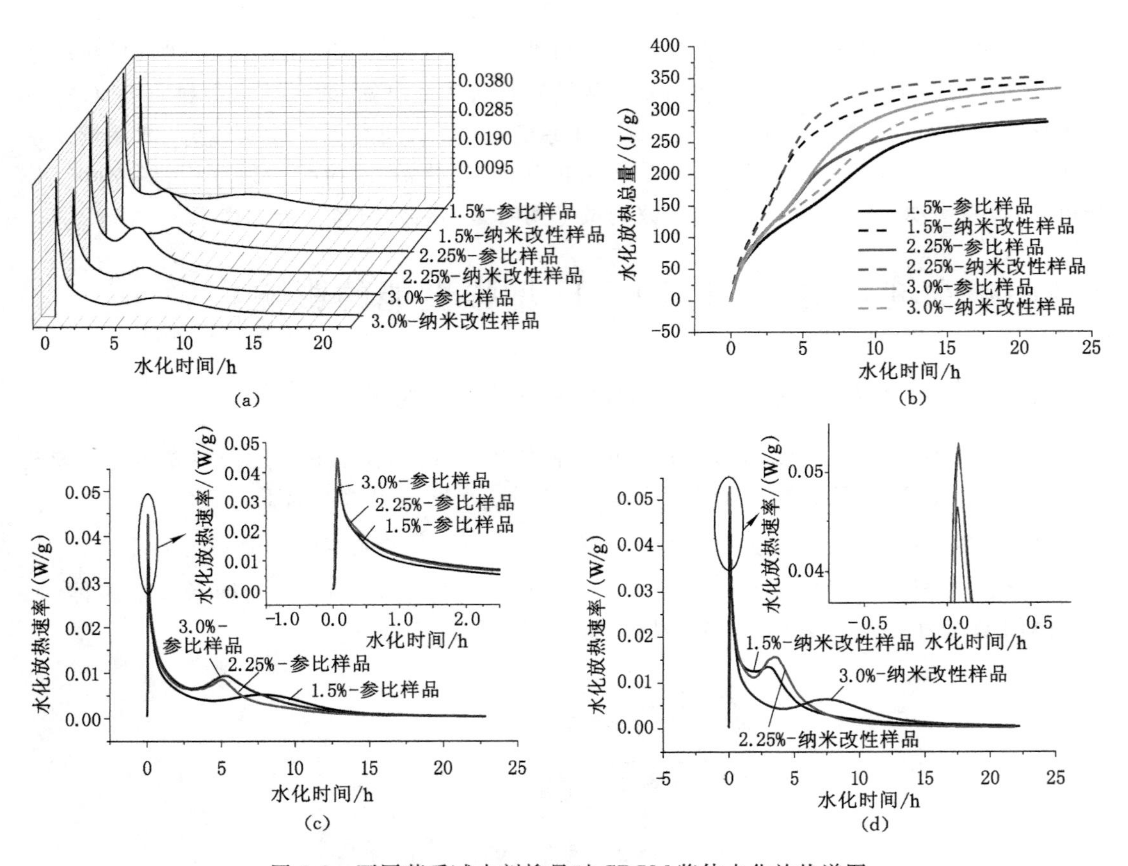


图 5-2　不同萘系减水剂掺量时 CBGM 浆体水化放热谱图

对于参比浆体，随着萘系减水剂掺量由 1.50%增加到 2.25%，第一水化放热速率基本无变化，诱导期缩短，第二水化放热速率增大；当萘系减水剂掺量由 2.25%增加到 3.00%时，第一水化放热速率下降，诱导期缩短，第二放热速率增大(表 5-1)。对于纳米改性 CBGM 浆体[图 5-2(d)]，当萘系减水剂掺量为 CBGM 浆体质量的 1.5%和 2.25%时，纳米改性浆体的第一水化放热速率增大，诱导期缩短，表明纳米 LiAl-LDH 的掺加促进了 CBGM 浆体的水化；当萘系减水剂掺量为3.0%时，掺加纳米 LiAl-LDH 的 CBGM 浆体的第一水化放热速率增大，诱导期延长，第二放热速率增大。以上结果表明，纳米 LiAl-LDH 可促进 CBGM 浆体的水化，且萘系减水剂掺量对浆体的水化过程有影响。

表 5-1　CBGM 浆体水化放热速率、出峰时间及水化放热总量

| 编号 | 第一水化放热峰 | | 第二水化放热峰 | | 诱导期结束时间/h | 水化放热总量/(J/g) |
|---|---|---|---|---|---|---|
| | 出峰时间/min | 水化放热速率/(mW/g) | 出峰时间/h | 水化放热速率/(mW/g) | | |
| 1.5%-参比样品 | 4.1 | 44.3 | 7.9 | 5.3 | 3.8 | 280.0 |
| 1.5%-纳米改性样品 | 4.1 | 52.1 | 3.0 | 13.5 | 1.8 | 342.4 |
| 2.25%-参比样品 | 3.7 | 44.1 | 5.0 | 8.5 | 2.8 | 284.5 |
| 2.25%-纳米改性样品 | 4.3 | 52.6 | 3.5 | 15.6 | 1.8 | 351.2 |
| 3.0%-参比样品 | 4.3 | 34.5 | 5.0 | 9.4 | 2.7 | 324.5 |
| 3.0%-纳米改性样品 | 3.6 | 46.3 | 7.3 | 6.4 | 4.2 | 318.7 |

对于参比浆体，随着萘系减水剂掺量的增加，浆体的水化放热总量呈现逐渐增加的趋势。当掺加 2% 的纳米 LiAl-LDH 到 CBGM 浆体中[图 5-2(d)]，随着萘系减水剂掺量由1.5%增加到 3.0%，改性 CBGM 浆体的水化放热总量呈现先增加后减少的趋势。当萘系减水剂掺量为 1.5%和 2.25%时，纳米 LiAl-LDH 的掺加促使 CBGM 浆体的水化放热总量增加，当继续增大萘系减水剂掺量时，纳米 LiAl-LDH 的掺加促使 CBGM 浆体的水化放热总量下降。一方面，萘系减水剂可以吸附于水泥颗粒及其水化产物的表面，使其带负电，带有负电的颗粒通过静电排斥作用促使水泥的絮凝结构打开释放出包裹的自由水，体系的分散性提高，并且在一定程度上促进了水化反应；另一方面，萘系减水剂在水泥颗粒及其水化产物表面上的吸附，一定程度上延缓了水泥颗粒与水的反应，且在饱和吸附之前，萘系减水剂的掺量越大，在水泥及其水化产物颗粒表面上的吸附量越大，对水泥浆体水化反应的延缓作用越强。在这两个方面的综合作用下，减水剂的掺量会对 CBGM 浆体体系产生不同的影响。

#### 5.1.1.3　萘系减水剂掺量对 CBGM 浆体微观结构的影响

(1) XRD 谱图分析

参比及纳米改性 CBGM 浆体的 XRD 谱图如图 5-3 所示，从中可以看出，CBGM 浆体的主要水化产物为钙矾石。由于铝胶是无定型物质，所以没有被 XRD 测试检测到。不同萘系减水剂掺量下，参比及掺加纳米 LiAl-LDH 的 CBGM 浆体水化产物衍射峰的位置一致，说明萘系减水剂的掺量的改变及纳米 LiAl-LDH 的掺加均没有改变水化产物的种类。图 5-3(a)和图 5-3(b)中均有无水硫铝酸钙的特征衍射峰，说明无水硫铝酸钙没有水化完全。4 h 及 1 d 龄期时，当萘系减水剂的掺量为 1.5%、2.25%、3.0%时，与参比浆体相比，纳米改性 CBGM 浆体中钙矾石的特征衍射峰峰值增大，无水硫铝酸钙的特征衍射峰峰值减小，说明纳米 LiAl-LDH 促进了 CBGM 浆体的水化。

(2) FT-IR 谱图分析

不同萘系减水剂掺量时 CBGM 浆体的 FT-IR 谱图如图 5-4 所示。4 h 及 1 d 龄期时，参比及改性 CBGM 浆体中所含物质的红外吸收峰位置一致，说明萘系减水剂的掺量及纳米 LiAl-LDH 的掺加没有改变水化产物的种类。3 635 $cm^{-1}$ 和 3 485 $cm^{-1}$ 处出现的红外吸收峰是结合水中的羟基及铝胶中羟基的伸缩振动所引起的；1 022 $cm^{-1}$ 处的红外吸收

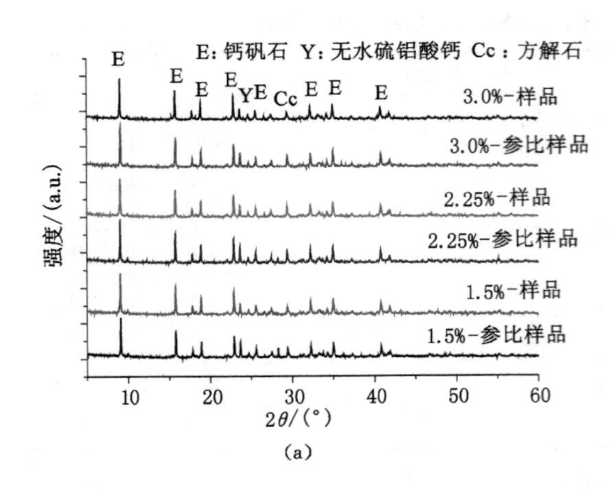


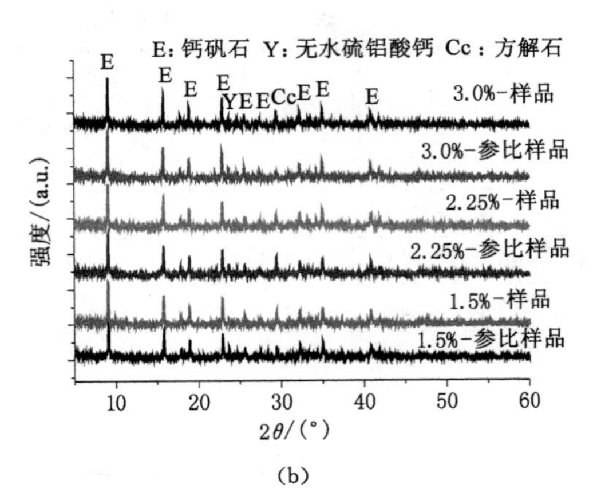


图 5-3 不同萘系减水剂掺量时 XRD 谱图

(a) 龄期 4 h;(b) 龄期 1 d

峰是铝胶的 Al—O 键的伸缩振动所引起的。1 417 $cm^{-1}$处的吸收峰是碳酸根的伸缩振动所引起的;522 $cm^{-1}$处的红外吸收峰是 Si—O 键的伸缩振动所引起的,877 $cm^{-1}$处的红外吸收峰是钙矾石的特征吸收峰;1 001 $cm^{-1}$处强而尖的红外吸收峰是 $SO_4^{2-}$ 的振动引起的,其原因是形成了水化硫铝酸钙。以上结果表明,CBGM 浆体中有铝胶生成。

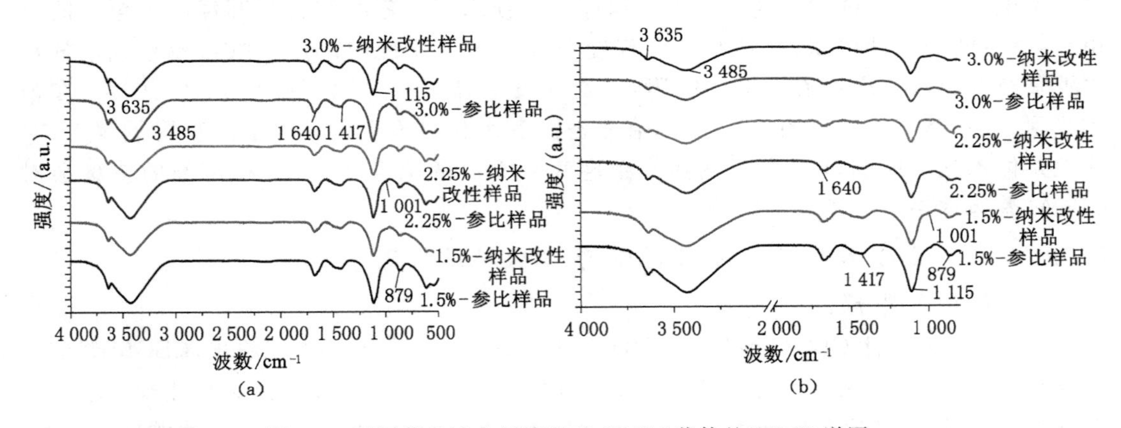


图 5-4 不同萘系减水剂掺量时 CBGM 浆体的 FT-IR 谱图

(a) 龄期 4 h;(b) 龄期 1 d

(3) TG-DTA 谱图分析

不同萘系减水剂掺量时 4 h 龄期 CBGM 浆体的 TG-DTA 谱图如图 5-5 所示,其中 Nano 代表掺加纳米 LiAl-LDH 的 CBGM 样品。DTA 曲线在 110 ℃、270 ℃和 710 ℃处均出现了吸热峰,其中 110 ℃处的吸热峰是钙矾石脱去晶格水造成的,270 ℃的吸热峰是铝胶的脱羟基作用造成的,710 ℃处的吸热峰是碳酸钙脱去二氧化碳造成的。由图 5-5(a)可以看出,随着萘系减水剂掺量的增加,参比浆体中钙矾石水化产物的吸收峰面积增大,而吸热峰面积正比于水化产物的含量,说明萘系减水剂掺量越大,参比 CBGM 浆体中的水化产物含量越多;当掺加 2%纳米 LiAl-LDH 到 CBGM 浆体中[图 5-5(b)],随

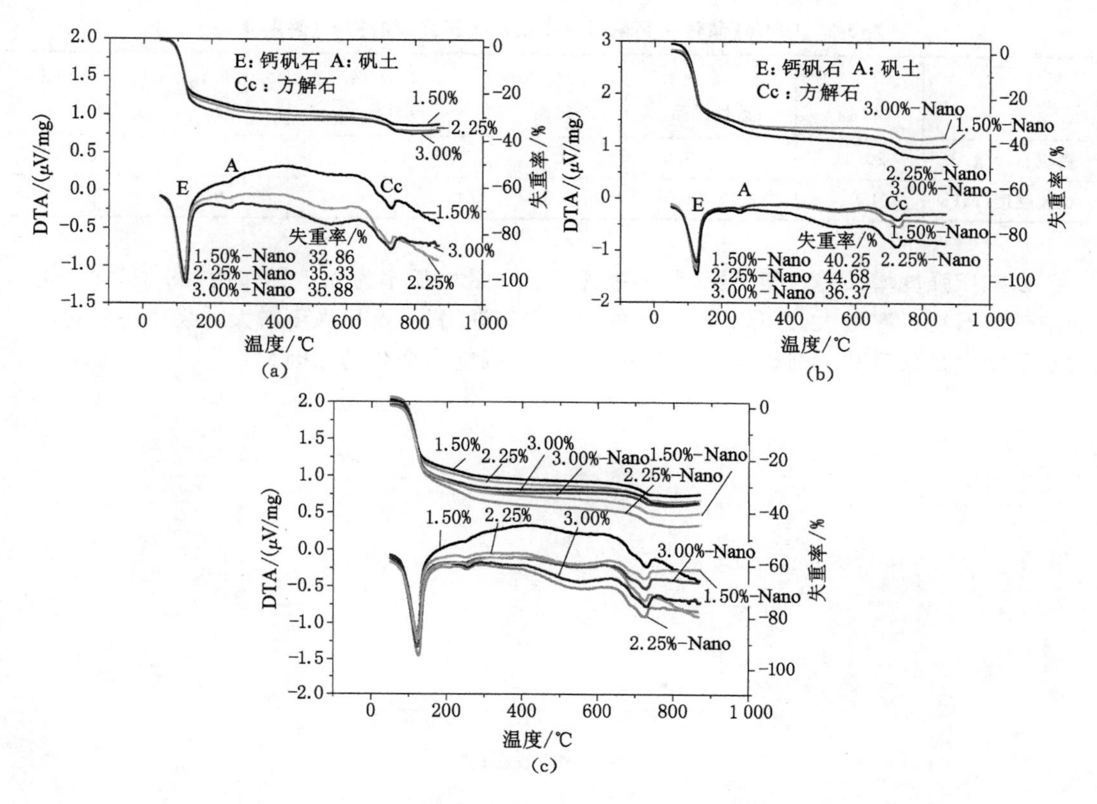


图 5-5 不同萘系减水剂掺量时 CBGM 浆体 TG-DTA 谱图

(a) 参比浆体；(b) 掺加 LiAl-LDH 的 CBGM 浆体；(c) 参比及掺加 LiAl-LDH 的 CBGM 浆体

（注：Nano为纳米改性样品）

着萘系减水剂掺量的增加，钙矾石水化产物的吸热峰面积呈现先增大后减小的趋势，说明萘系减水剂掺量为2.25%时纳米LiAl-LDH的掺加产生了最多的水化产物。4 h龄期时CBGM浆体的TG曲线如图5-5所示。对于参比浆体，随着萘系减水剂掺量由1.5%增加到3.0%，浆体的失重率分别为32.86%、35.33%和35.88%，说明萘系减水剂掺量的增加，促进了CBGM浆体的水化；对于纳米改性浆体，随着萘系减水剂掺量的增加，失重率呈现先增大后减小的趋势。

#### 5.1.1.4 CBGM浆体抗压强度与水化产物质量之间的关系

1 mol钙矾石在110 ℃左右可失去20 mol的水分子，根据钙矾石的相对失重率可以求得CBGM浆体中钙矾石的含量（表5-2），可以看出，当萘系减水剂掺量为1.5%、2.25%、3.0%时，参比浆体中钙矾石的含量分别为20.31%、21.75%、24.15%，呈现逐渐增大的趋势。纳米改性浆体中钙矾石的含量分别为24.89%、25.73%、24.45%，即随着萘系减水剂含量的增加钙矾石的含量先增大后减小。不同萘系减水剂掺量时，CBGM浆体中钙矾石的增长率分别为22.5%、18.3%及1.2%，随着萘系减水剂掺量的增加呈逐渐降低的趋势。4 h龄期时，随着萘系减水剂掺量由1.5%增大到3.0%，参比浆体的抗压强度呈现逐渐增大的趋势，改性CBGM浆体的抗压强度呈现先增大后减小的趋势，且抗压强度的增长率分别为154.6%、142.3%、37.9%。

表 5-2 CBGM 浆体中钙矾石生成量与抗压强度的关系(龄期 4 h)

| | 1.5%-参比样品 | 1.5%-纳米改性样品 | 2.25%-参比样品 | 2.25%-纳米改性样品 | 3.0%-参比样品 | 3.0%-纳米改性样品 |
|---|---|---|---|---|---|---|
| 钙矾石含量/% | 20.31 | 24.89 | 21.75 | 25.73 | 24.15 | 24.45 |
| 抗压强度/MPa | 4.91 | 12.44 | 5.16 | 12. 50 | 7.08 | 9.76 |

以抗压强度增长率为横坐标,浆体中钙矾石含量增长率为纵坐标作图(图 5-6),水化产物中钙矾石增长率增大,意味着水化产物的增量逐渐增加,抗压强度增大。浆体中水化产物含量的变化是萘系减水剂影响纳米 LiAl-LDH 增强能力变化的原因。

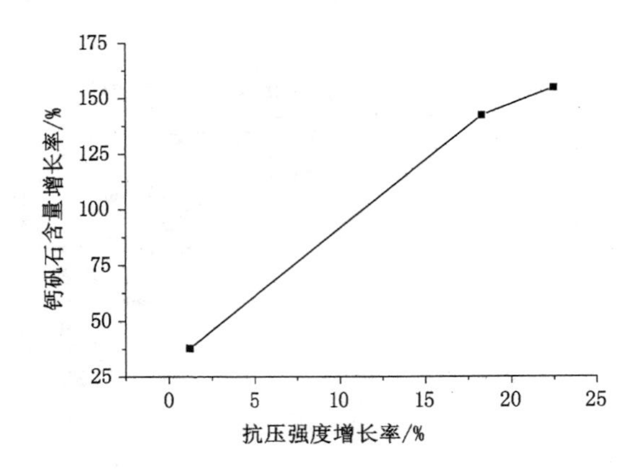


图 5-6 不同萘系减水剂用量时抗压强度增长率与钙矾石含量增长率的关系

## 5.1.2 聚羧酸减水剂对纳米 LiAl-LDH 增强性能的影响

### 5.1.2.1 聚羧酸掺量的确定

聚羧酸减水剂的掺量根据马氏漏斗试验测试确定,其目的在于保证掺加的不同类型的萘系和聚羧酸系减水剂的 CBGM 浆体的 A 液、B 液具有相同或相近的流动度。表 5-3 和表 5-4 为萘系及聚羧酸减水剂掺量对注浆材料 A 液流动性能的影响。萘系减水剂的掺量为 1.50%、2.25%、3.00%时,A 液的马氏流出时间见表 5-3。可以看出,随着萘系减水剂掺量由 1.5%增加到 3.0%,A 液的马氏流出时间逐渐减少,且各个掺量时经时马氏流出时间均呈现增加的趋势。聚羧酸减水剂对 A 液流动性能的影响见表 5-4。

表 5-3 萘系减水剂对 A 液马氏流出时间的影响 单位:s

| 掺量 | 测试时间 | | |
|---|---|---|---|
| | 5 min | 30 min | 60 min |
| 1.50% | 34.9 | 36.5 | 37.5 |
| 2.25% | 33.4 | 35.1 | 36.0 |
| 3.00% | 32.4 | 33.2 | 33.8 |

表 5-4　聚羧酸减水剂对A液马氏流出时间的影响　　单位：s

| 掺量 | 测试时间 | | |
|---|---|---|---|
| | 5 min | 30 min | 60 min |
| 1.00% | 35.0 | 36.3 | 36.1 |
| 1.25% | 34.6 | 35.8 | 35.4 |
| 1.50% | 33.5 | 35.0 | 34.7 |
| 2.00% | 33.0 | 34.3 | 34.1 |
| 2.25% | 32.6 | 33.7 | 33.0 |
| 3.00% | 32.4 | 33.5 | 33.1 |

可以看出，随着聚羧酸减水剂掺量由1.0%增大到3.0%，A液的马氏流出时间呈现逐渐缩短的趋势，说明聚羧酸减水剂掺量的增加提高了浆体的流动性。与萘系减水剂不同，掺加聚羧酸减水剂的浆体的马氏流出时间呈现先增大后减小的趋势。由表5-3和表5-4可以看出，当萘系减水剂掺量为1.5%、2.25%、3.0%时，为达到相同或相近流动度，聚羧酸减水剂的掺量选择1.0%、1.5%、2.25%。

表5-5和表5-6为萘系及聚羧酸减水剂掺量对注浆材料B液流动性能的影响。随着萘系减水剂掺量由1.5%增加到3.0%，B液5 min的流出时间由41.1 s缩短到37.8 s，说明萘系减水剂掺量的增加提高了B液的流动性，但B液的经时流动性能变差。掺加聚羧酸减水剂至B液中，随着聚羧酸减水剂的掺量由0.50%增加到2.75%，浆液的马氏流出时间逐渐缩短，且马氏流出时间呈现先增加后减少的趋势。可以看出，当萘系减水剂的掺量为1.50%、2.25%及3.00%时，与之对应的聚羧酸减水剂的掺量分别为0.80%、1.25%、2.00%。

由以上结果可知，萘系减水剂的3个掺量为胶凝材料总量的1.50%、2.25%、3.00%时，与之对应的聚羧酸减水剂掺量分别为胶凝材料总量的0.90%、1.38%、2.13%。

表 5-5　萘系减水剂掺量对B液马氏流出时间的影响　　单位：s

| 掺量 | 测试时间 | | |
|---|---|---|---|
| | 5 min | 30 min | 60 min |
| 1.50% | 41.1 | 43.5 | 45.2 |
| 2.25% | 40.5 | 42.3 | 44.2 |
| 3.00% | 37.8 | 38.6 | 39.8 |

表 5-6　聚羧酸减水剂掺量对B液马氏流出时间的影响　　单位：s

| 掺量 | 测试时间 | | |
|---|---|---|---|
| | 5 min | 30 min | 60 min |
| 0.5% | 43.8 | 46.5 | 45.4 |
| 0.8% | 41.3 | 43.4 | 42.8 |
| 1.0% | 40.8 | 42.8 | 42.5 |
| 1.25% | 40.3 | 42.2 | 42.0 |
| 1.75% | 39.0 | 41.2 | 39.8 |
| 2.00% | 37.7 | 38.8 | 38.1 |
| 2.50% | 37.5 | 38.9 | 37.8 |
| 2.75% | 37.6 | 38.5 | 37.3 |

#### 5.1.2.2 聚羧酸减水剂对CBGM浆体抗压强度的影响

参比浆体及掺加纳米LiAl-LDH的CBGM浆体的抗压强度如图5-7所示。4 h龄期时，随着聚羧酸减水剂的掺量由0.90%增加到2.13%时，参比浆体和改性浆体的抗压强度均呈现先增大后减小的趋势。1 d、3 d、7 d及28 d时，聚羧酸减水剂对CBGM浆体的抗压强度的影响呈相似的规律。可以发现，聚羧酸减水剂的掺量影响参比浆体的抗压强度。

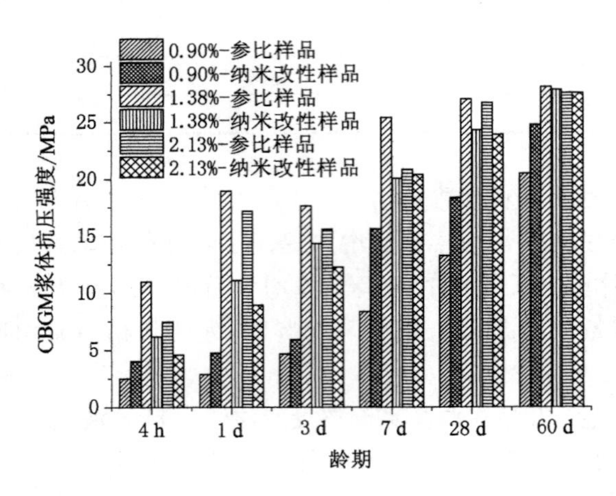


图5-7 不同聚羧酸减水剂掺量时参比及掺加纳米LiAl-LDH的CBGM浆体的抗压强度

当聚羧酸减水剂的掺量为0.90%时，与参比浆体相比，纳米LiAl-LDH的掺加提高了CBGM浆体各个龄期的抗压强度。当聚羧酸减水剂的掺量为1.38%和2.13%时，纳米LiAl-LDH的掺加降低了CBGM浆体各个龄期的抗压强度。以上结果表明，聚羧酸减水剂的掺量影响纳米LiAl-LDH对CBGM浆体的改性能力，且聚羧酸减水剂用量较大时，纳米LiAl-LDH的掺加降低了CBGM浆体的抗压强度。

#### 5.1.2.3 聚羧酸减水剂对CBGM浆体水化热的影响

不同聚羧酸减水剂掺量时参比浆体与纳米改性CBGM浆体的水化热如图5-8所示。对于参比及纳米改性CBGM浆体，随着聚羧酸减水剂掺量由0.90%增加到1.38%，参比浆体的第一放热峰的放热速率增大，诱导期缩短，加速期提前(表5-7)，说明聚羧酸减水剂由0.90%增加到1.38%，促进了CBGM浆体的水化。当聚羧酸减水剂的掺量由1.38%增加到2.13%时，放热速率均呈现下降趋势，说明聚羧酸掺量的增大导致参比及纳米改性CBGM浆体水化放热速率降低。

聚羧酸减水剂掺量为0.90%时，纳米LiAl-LDH的掺加提高了浆体的放热速率，缩短了诱导期，提高了第二放热峰的放热速率，说明此聚羧酸减水剂掺量时，纳米LiAl-LDH促进了CBGM浆体的水化。当聚羧酸减水剂掺量为1.38%和2.13%时，纳米LiAl-LDH的掺加降低了浆体的水化放热速率，减缓了CBGM浆体的水化。

不同聚羧酸减水剂掺量时参比浆体及掺加纳米LiAl-LDH浆体的水化放热总量如图5-8所示，可以看出，随着聚羧酸减水剂掺量的增加，参比浆体及掺加纳米LiAl-LDH的CBGM浆体的水化放热总量呈现先增大后减小的趋势，说明聚羧酸减水剂的掺量对CBGM浆体的水化具有重要影响。

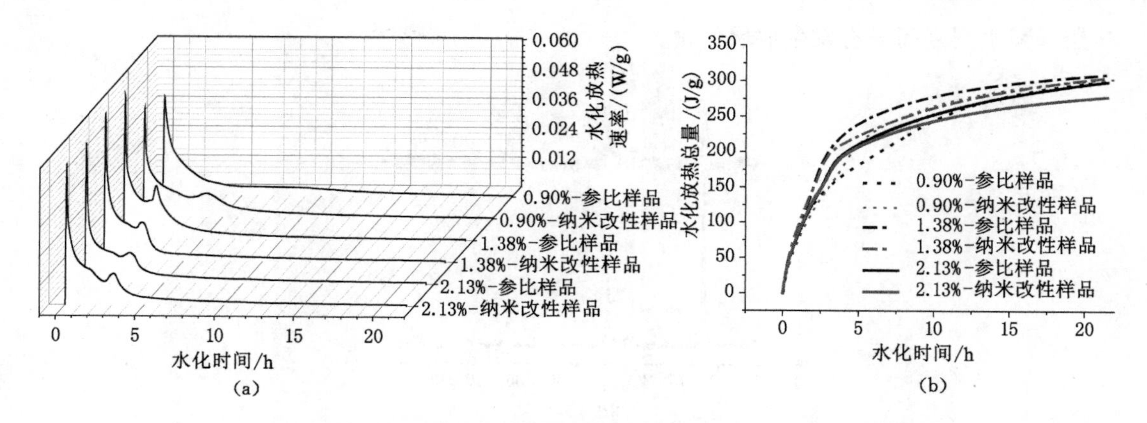


图 5-8　不同聚羧酸减水剂掺量时 CBGM 浆体的水化放热

(a) 水化放热速率；(b) 水化放热总量

**表 5-7　CBGM 浆体水化放热速率及出峰时间**

| 编号 | 第一水化放热峰 | | 第二水化放热峰 | | 诱导期结束时间/h |
|---|---|---|---|---|---|
| | 出峰时间/min | 水化放热速率/(mW/g) | 出峰时间/h | 水化放热速率/(mW/g) | |
| 0.9%-参比样品 | 5.0 | 40.7 | 7.9 | 3.5 | 5.1 |
| 0.9%-纳米改性样品 | 4.1 | 44.3 | 4.0 | 9.9 | 3.1 |
| 1.38%-参比样品 | 4.7 | 60.5 | 2.1 | 21.7 | 1.6 |
| 1.38%-纳米改性样品 | 4.1 | 59.2 | 2.0 | 13.5 | 2.4 |
| 2.13%-参比样品 | 4.4 | 58.2 | 2.9 | 12.4 | 2.3 |
| 2.13%-纳米改性样品 | 4.0 | 57.8 | 2.5 | 9.6 | 3.0 |

#### 5.1.2.4　聚羧酸减水剂影响纳米 LiAl-LDH 性能的机理探讨

减水剂在水泥基材料中发挥作用的前提是在颗粒表面进行吸附，这是减水剂发挥物理化学作用的基础。在水泥浆体中，减水剂的吸附通常包含以下几个部分：(1) 减水剂分子吸附于水泥颗粒表面形成吸附层，起分散作用；(2) 减水剂分子吸附于水泥水化产物的表面，部分被迅速生成的水化产物覆盖，部分可改变水化产物的形貌；(3) 减水剂分子存留于浆体溶液中，可用来补充被消耗的减水剂分子，对浆体的经时流动性能有利。

由 5.1.2.2 节和 5.1.2.3 节可知，聚羧酸减水剂的掺量影响 CBGM 浆体的水化及硬化性能。CBGM 体系中与聚羧酸减水剂或纳米 LiAl-LDH 可能发生作用的因素都应该考虑。

纳米 LiAl-LDH 为层状阴离子黏土，聚羧酸减水剂有可能与纳米 LiAl-LDH 发生物理吸附或聚羧酸减水剂插层进入纳米 LiAl-LDH 层间，从而导致聚羧酸减水剂在体系中的有效含量发生变化。为探究纳米 LiAl-LDH 与聚羧酸减水剂之间是否发生了作用，将聚羧酸减水剂和纳米 LiAl-LDH 按照 2.3 节成型试验配比混合，经 4 900 r/min 离心后取底层纳米材料置于干燥箱中干燥 24 h 后取出并研磨成粉末，用于 XRD、FT-IR 测试。

掺加聚羧酸减水剂前后颗粒的 XRD 谱图如图 5-9 所示，其中空白组使用纯相纳米 LiAl-LDH 样品，试验组使用掺加了聚羧酸减水剂的纳米 LiAl-LDH 样品。与空白组相比，试验组样品衍射峰峰形不变，峰值降低，没有发现衍射峰位置变化，说明纳米 LiAl-LDH 与聚羧酸减水剂之间没有发生插层作用。

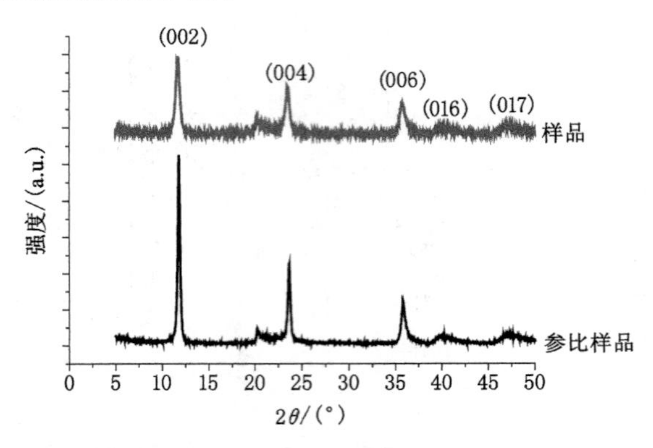


图 5-9　参比及掺加聚羧酸减水剂的纳米材料的 XRD 谱图

空白组及掺加聚羧酸减水剂(PCE)颗粒的纳米材料的 FT-IR 谱图如图 5-10 所示，经纳米LiAl-LDH 改性后的材料在 1 103 $cm^{-1}$及 1 244 $cm^{-1}$处出现了 C—O—C 键的不对称振动及对称振动，图中没有出现羧基的特征吸收峰，表明纳米 LiAl-LDH 粉体吸附了醚类化合物，该醚类化合物是聚羧酸减水剂中未反应完全的聚醚大单体。以上结果表明，纳米 LiAl-LDH 没有与聚羧酸减水剂发生插层反应，但与聚醚大单体发生了吸附作用。CBGM 浆体的总有机碳含量测试如图 5-11 所示。当聚羧酸减水剂掺量为 0.5%时，CBGM 溶液中的总有机碳量含量为0.604 mg/L，当掺加 CBGM 质量 2%的纳米 LiAl-LDH 时，浆体中总有机碳含量为 0.513 mg/L，纳米 LiAl-LDH 的掺加导致了浆体中的总有机碳含量发生了少量的变化，说明纳米 LiAl-LDH 与聚羧酸减水剂溶液发生了吸附作用，与红外测试结果一致；当聚羧酸减水剂的掺量为 1.0%、1.25%、1.5%时，纳米 LiAl-LDH 均降低了 CBGM 溶液中的总有机碳含量，且随着聚羧酸减水剂掺量的增大，纳米改性浆体与参比浆体中总有机碳含量的差值逐渐增大，说明聚羧酸减水剂掺量较少时，纳米 LiAl-LDH 只能吸附少量的有机物，当聚羧酸减水剂掺量增大时，纳米 LiAl-LDH 对浆体中的有机物的吸附量也呈现增加的趋势。当聚羧酸减水剂的掺量为 2%时，CBGM 溶液中的总有机碳含量为 4.475 mg/L。当掺加 2%纳米 LiAl-LDH 时，浆体中的总有机碳含量为5.476 mg/L，纳米 LiAl-LDH 的掺加促使 CBGM 溶液中的总有机碳含量增加，当聚羧酸减水剂掺量为 3%、4%、5%时，也呈现相似的趋势。

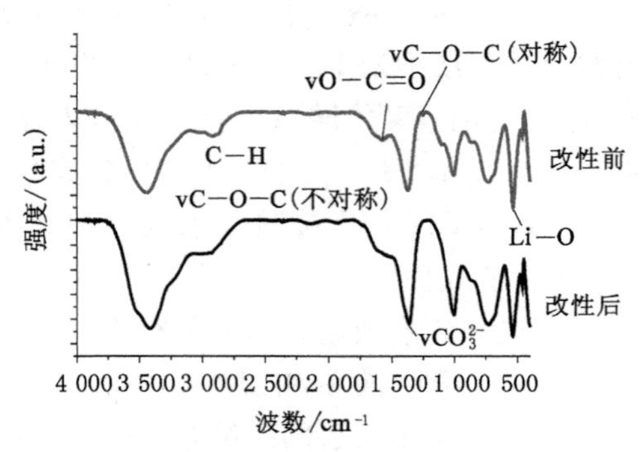


图 5-10　参比及掺加聚羧酸减水剂的纳米材料的 FT-IR 谱图

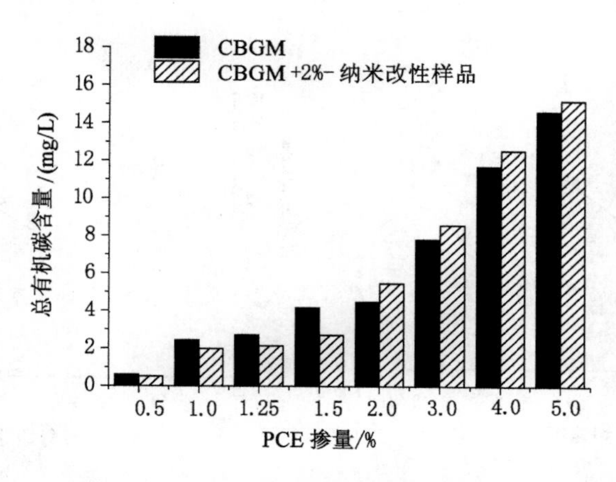


图 5-11 CBGM 浆体消耗的总有机碳含量

图 5-12 为不同聚羧酸减水剂掺量时，参比及掺加纳米 LiAl-LDH 的 B 液浆体的流变曲线。经过宾汉姆模型拟合后，掺加 1.25％的聚羧酸减水剂时，参比浆体的屈服应力为 8.709 Pa，塑性黏度为 0.003 8 Pa・s；掺加纳米 LiAl-LDH 后，浆体的屈服应力及塑性黏度分别为0.881 4 Pa和0.009 1 Pa・s。聚羧酸减水剂用量为 1.5％时，参比浆体的屈服应力为 7.186 Pa，塑性黏度为 0.003 8 Pa・s；掺加纳米 LiAl-LDH 后，浆体的屈服应力及塑性黏度分别为 0.282 0 Pa 及0.005 1 Pa・s。可以看出，纳米 LiAl-LDH 的掺加，显著降低了浆体的屈服应力，但对塑性黏度的影响不大。

以上测试结果表明，聚羧酸减水剂中未反应完全的聚醚大单体可吸附在纳米 LiAl-LDH 的表面，纳米 LiAl-LDH 的掺加增大了 CBGM 浆体液相中的总有机碳含量。

膨润土是以蒙脱石为主要矿物成分的非金属矿产，蒙脱石结构是由两个硅氧四面体夹一层铝氧八面体组成的 2：1 型晶体结构，由于蒙脱石晶胞形成的层状结构存在某些阳离子，如 Cu、Mg、Na、K 等，且这些阳离子与蒙脱石晶胞的作用很不稳定，易被其他阳离子交换，故具有较好的离子交换性。在工程上，膨润土由于其较高的性价比，经常用作悬浮剂。但膨润土对聚羧酸减水剂的分散性能有非常大的影响。文献[159]报道，蒙脱土对带有聚醚侧链的聚羧酸减水剂的吸附量约为普通波兰特水泥对聚羧酸减水剂吸附量的 100 倍。马保国等[160]认为随着聚羧酸减水剂掺量的增加，黏土对聚羧酸减水剂的吸附量也相应增加，蒙脱石和高岭土对聚羧酸减水剂的吸附量要远高于水泥颗粒，他还认为不同减水剂在黏土矿物上的吸附规律存在一定差异。S. Ng 等[161]通过研究发现聚羧酸减水剂分子较易进入钠基蒙脱土的层间结构，且吸附了聚羧酸减水剂的钠基蒙脱土的层间距由 1.23 nm 增加到 1.77 nm。同时吴昊[162]的研究也发现用 PCE 处理后的蒙脱土层间距由 1.487 nm 增加至 1.863 nm，并由此推断 PCE 分子确实与黏土发生了化学吸附作用。因此，当 CBGM 中使用聚羧酸减水剂时，一部分聚羧酸减水剂会被钠基膨润土消耗，一部分吸附于水泥基颗粒及水化产物表面，当减水剂掺量较大时，还有一部分存在于液相浆体溶液中。

纳米 LiAl-LDH 在水溶液中存在沉淀溶解平衡，溶液中也存在可溶性的 $Li^{+}$、$Al^{3+}$ 等，锂离子会交换钠基膨润土中的钠离子，生成锂基膨润土。相对于钠基膨润土，锂离子的

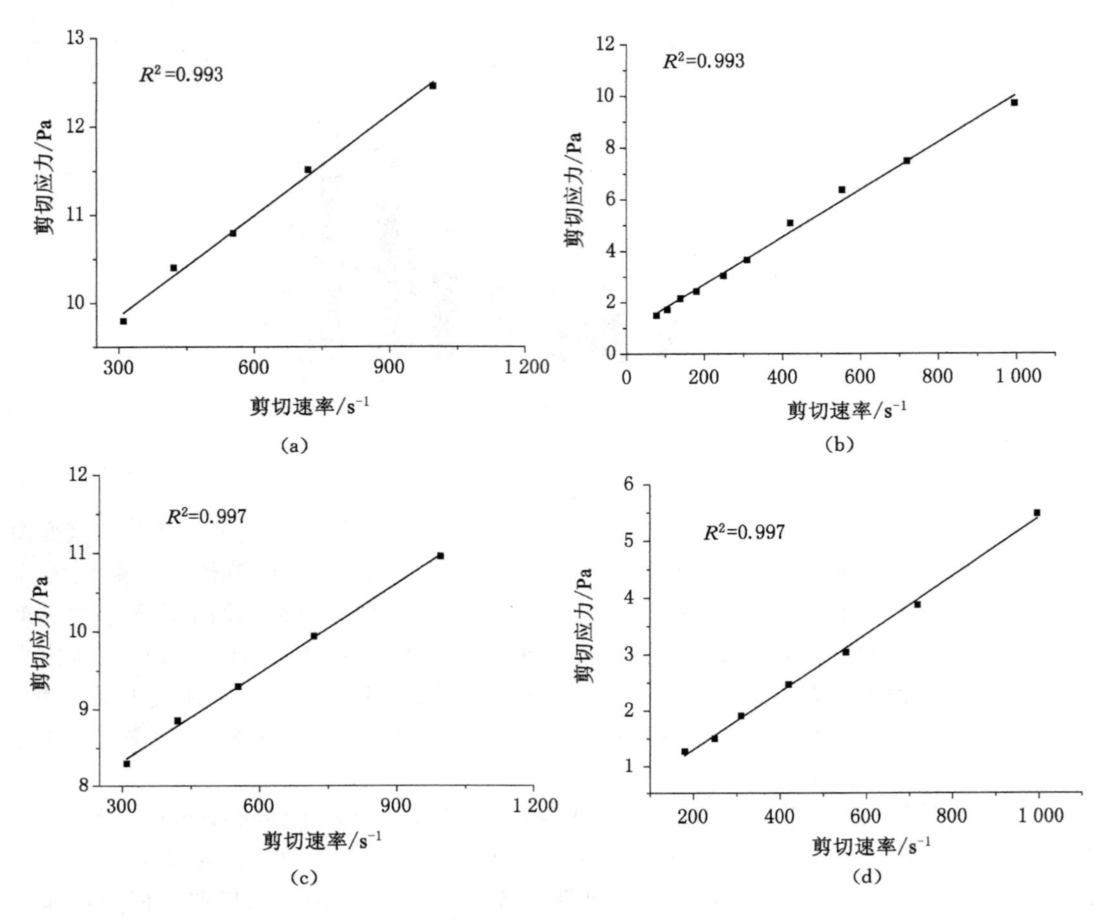


图 5-12　不同聚羧酸减水剂掺量对 B 液流变参数的影响

(a) 1.25%参比组;(b) 1.25%试验组;(c) 1.5%参比组;(d) 1.5%试验组

结晶半径较小,水化半径较大(结晶半径为 0.60 Å,水化半径为 3.82 Å)[163]。锂离子的静电作用较弱,聚羧酸减水剂在锂基膨润土表面的吸附量较低,用于水泥基颗粒表面、水化产物颗粒表面的聚羧酸减水剂的量增加,而聚羧酸减水剂的掺量会影响水泥基材料的水化硬化性能。

## 5.2　钠基膨润土对纳米 LiAl-LDH 增强性能的影响

钠基膨润土是以蒙脱石为主要成分的层状黏土,具有较好的悬浮性能,且因其较高的性价比而常作为悬浮剂在注浆材料中使用。钠基膨润土的悬浮性能一方面是因为蒙脱石可吸水膨胀,体系黏度增加,阻碍颗粒的下沉[164]。另外,由于电吸附层的存在,分散相颗粒可吸附在蒙脱石表面,形成网状结构,从而不产生聚集。浆体发生离析分层现象会影响其力学性能、流动性能等,从而影响工程应用。经过前期探索试验,本章节中钠基膨润土的掺量选为 7%、9%、11%。

### 5.2.1 钠基膨润土对 CBGM 浆体抗压强度的影响

钠基膨润土(Na-Be)的掺量对参比浆体及掺加纳米 LiAl-LDH 的改性 CBGM 浆体的抗压强度的影响如图 5-13 所示。4 h 龄期时,随着钠基膨润土掺量由 7%增加到 11%,参比浆体及改性 CBGM 浆体的抗压强度均呈现下降趋势,1 d、3 d、7 d 及 28 d 时钠基膨润土掺量对参比及改性浆体抗压强度的影响也呈现相似的趋势。4 h 龄期时,纳米 LiAl-LDH 的掺加,提高了CBGM浆体的抗压强度。当钠基膨润土掺量分别为 7%、9%、11%时,CBGM 浆体的抗压强度增长率分别为 83.2%、74.6%、61.6%,即随着钠基膨润土掺量的增加,纳米 LiAl-LDH 的抗压强度增长率下降。1 d、3 d、7 d 龄期浆体也呈现相似的趋势,28 d 龄期时,钠基膨润土掺量为 7%和 9%时,纳米 LiAl-LDH 的掺加依然提高了 CBGM 浆体的抗压强度,但浆体的抗压强度增长率相差不大,分别为 15.3%和 15.9%,进一步提高钠基膨润土掺量到 11%时,CBGM 浆体的抗压强度增长率下降为 12.5%。总之,随着钠基膨润土掺量由 7%增加到 11%,CBGM 浆体的早期抗压强度增长率呈现降低趋势。

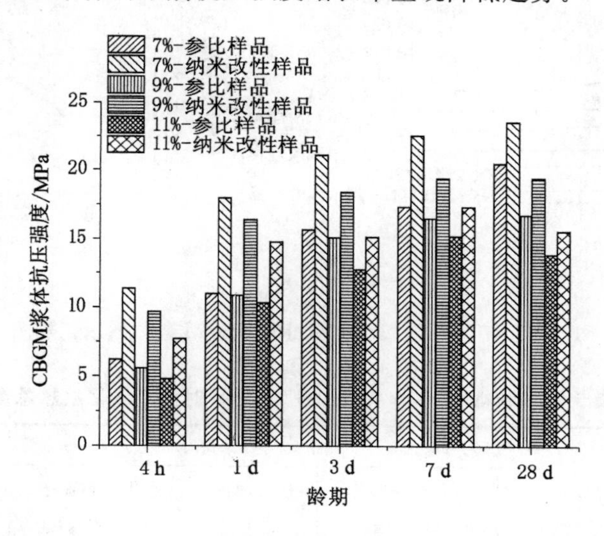


图 5-13 不同钠基膨润土掺量时的 CBGM 浆体的抗压强度

### 5.2.2 钠基膨润土对 CBGM 浆体早期水化的影响

不同钠基膨润土掺量时 CBGM 浆体的水化热曲线如图 5-14 所示。对于参比浆体[图 5-14(a)],随着钠基膨润土掺量由 7%增加到 11%,第一放热峰的放热速率逐渐降低,且钠基膨润土的掺量越大,诱导期的时间越长(表 5-8),说明随着钠基膨润土掺量的增加,CBGM 浆体的水化放热速率降低。掺加 2%纳米 LiAl-LDH 的 CBGM 浆体,随着钠基膨润土掺量的增加,第一放热峰的放热速率同样呈现下降的趋势[图 5-14(b)]。钠基膨润土掺量为 7%、9%、11%时,纳米 LiAl-LDH 的掺加提高了第一放热峰的放热速率,缩短了第二水化放热出峰时间,促进了 CBGM 浆体的水化[图 5-14(c)]。不同钠基膨润土掺量时 CBGM 浆体的水化放热总量如图 5-14(d)所示。可以看出,随着钠基膨润土掺量的增加,参比浆体及掺加锂铝类水滑石的 CBGM 浆体的水化放热总量均呈现逐渐降低的趋势。

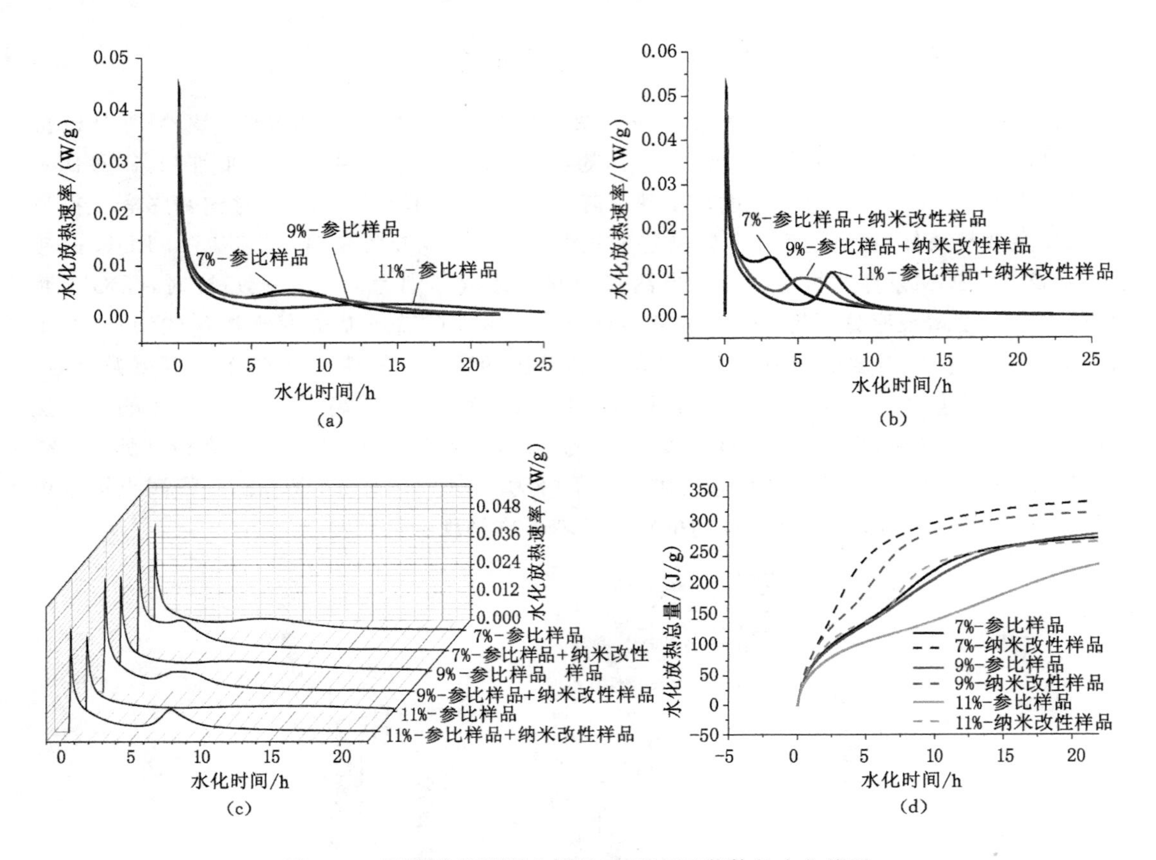


图 5-14 不同钠基膨润土掺量时 CBGM 浆体的水化热图

**表 5-8 CBGM 浆体水化放热速率、出峰时间及水化放热总量**

| 编号 | 第一水化放热峰 | | 第二水化放热峰 | | 诱导期结束时间/h | 水化放热总量/(J/g) |
|---|---|---|---|---|---|---|
| | 出峰时间/min | 水化放热速率/(mW/g) | 出峰时间/h | 水化放热速率/(mW/g) | | |
| 7%-参比样品 | 3.8 | 44.1 | 7.7 | 5.3 | 4.3 | 277.2 |
| 7%-纳米改性样品 | 8.6 | 52.1 | 3.1 | 13.5 | 1.9 | 339.4 |
| 9%-参比样品 | 4.5 | 40.8 | 7.7 | 4.4 | 4.8 | 255.8 |
| 9%-纳米改性样品 | 8.5 | 48.77 | 5.3 | 8.7 | 3.4 | 321.3 |
| 11%-参比样品 | 5.1 | 32.3 | 13.3 | 2.5 | 5.6 | 225.3 |
| 11%-纳米改性样品 | 8.0 | 44.3 | 7.3 | 9.9 | 4.8 | 271.9 |

## 5.2.3 钠基膨润土对 CBGM 浆体微观结构的影响

### 5.2.3.1 水化产物的 FT-IR 谱图、XRD 谱图分析

不同钠基膨润土掺量时参比浆体及掺加纳米 LiAl-LDH 的 CBGM 浆体的红外谱图如图 5-15 所示。3 635 $cm^{-1}$和 3 485 $cm^{-1}$处出现的红外吸收峰是结合水中的羟基及铝胶(氧化铝

凝胶)中羟基的伸缩振动引起的。1 640 $cm^{-1}$处红外吸收峰是羟基的弯曲振动引起的，989 $cm^{-1}$处的红外吸收峰是铝胶的 Al—O 伸缩振动引起的[图 5-15(c)]，铝胶与硬石膏及氧化钙等可发生反应生成钙矾石，由于铝胶的消耗导致红外谱图中的吸收峰较弱，但 7 d 龄期时依然检测到了铝胶的存在。1 450 $cm^{-1}$处的红外吸收峰是碳酸根的伸缩振动引起的。522 $cm^{-1}$处的红外吸收峰是 Si—O 键的伸缩振动引起的。879 $cm^{-1}$处的红外吸收峰，由于其他元素对 Al 的少量取代，导致钙矾石对称性降低，谱带发生了少许位移，为钙矾石的特征吸收峰。1 115 $cm^{-1}$处强而尖的峰是 $SO_4^{2-}$ 的振动引起的，其原因是生成了水化硫酸钙——钙矾石。参比浆体与掺加纳米 LiAl-LDH 的 CBGM 浆体在相同龄期时具有相同的红外吸收峰，说明纳米 LiAl-LDH 的加入并未产生新的水化产物。

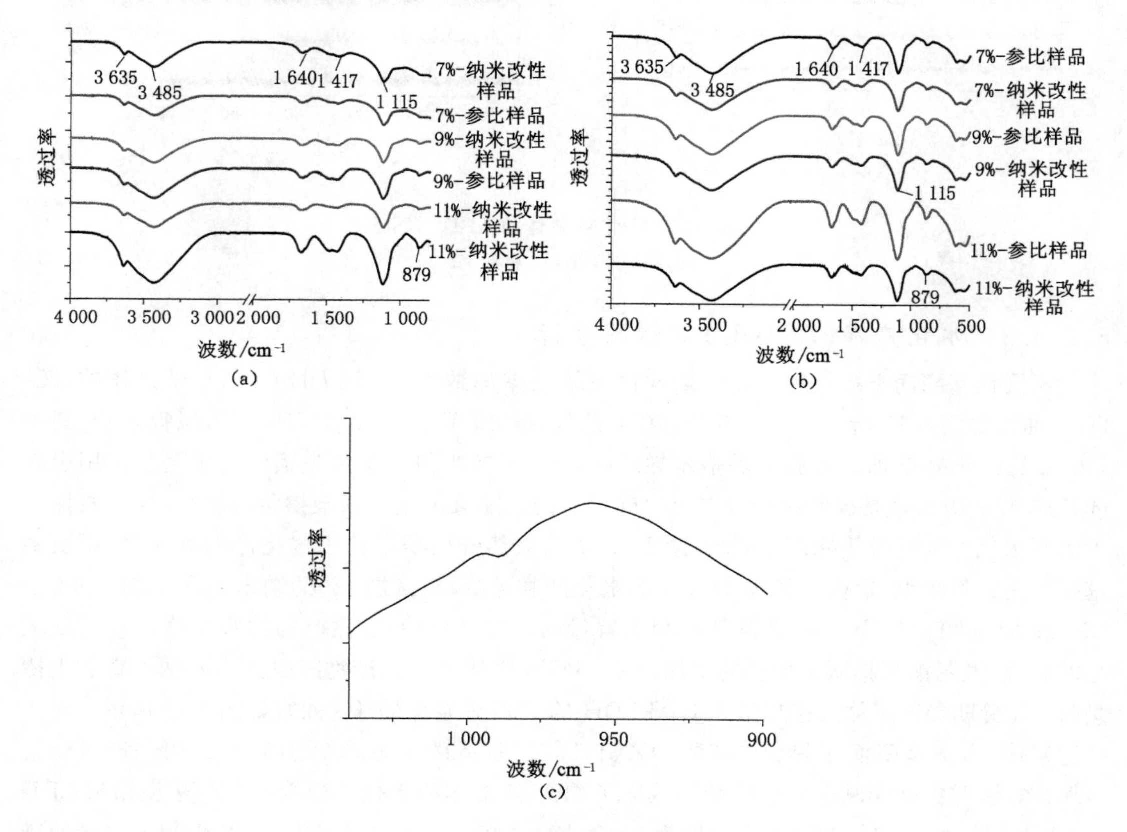


图 5-15　CBGM 浆体的红外谱图

(a) 4 h；(b) 7 d；(c) 图(b)中 900～1 050 $cm^{-1}$处的局部放大图

不同钠基膨润土掺量下参比浆体及掺加纳米 LiAl-LDH 的 CBGM 浆体的 XRD 谱图如图 5-16 所示。可以看出，无水硫铝酸钙未反应完全，钙矾石为浆体的主要水化产物，铝胶由于是无定型物质所以没有被检测出来。4 h 龄期时[图 5-16(a)]，随着钠基膨润土掺量的增加，钙矾石的特征衍射峰强度逐渐下降，无水硫铝酸钙的衍射峰强度呈现逐渐增加的趋势，说明钠基膨润土掺量的增加延缓了 CBGM 浆体的水化。掺加纳米 LiAl-LDH 的 CBGM 浆体，随着钠基膨润土掺量的增加，钙矾石及无水硫铝酸钙的特征衍射峰强度也分别呈现下降和上升的趋势，说明在纳米 LiAl-LDH 存在的条件下，钠基膨润土掺量的增加，同样延缓了

CBGM 浆体的水化。钠基膨润土掺量为 7%、9%及 11%时，纳米 LiAl-LDH 的掺加促使钙矾石的衍射峰强度增大，无水硫铝酸钙的衍射峰强度减小，表明纳米 LiAl-LDH 的掺加促进了 CBGM 的水化。

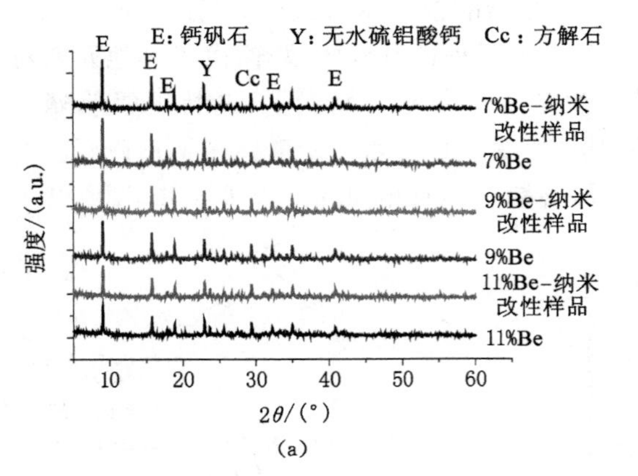

(a)

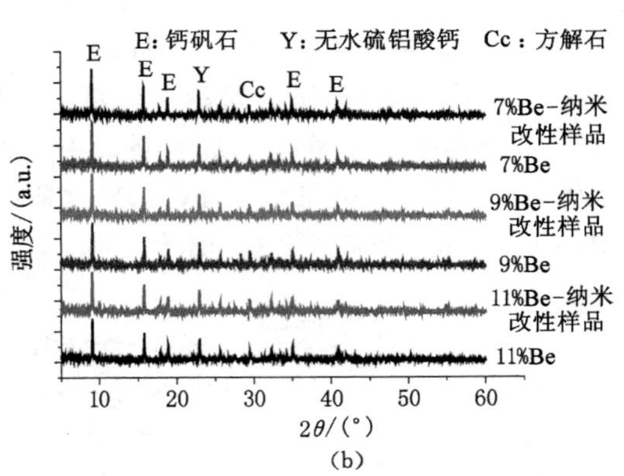

(b)

图 5-16　CBGM 浆体的 XRD 谱图

(a) 龄期 4 h；(b) 龄期 7 d

#### 5.2.3.2　水化产物的 TG-DTA 谱图分析

不同钠基膨润土掺量时 4 h 龄期参比浆体及掺加纳米 LiAl-LDH 的 CBGM 浆体的 TG-DTA 曲线如图 5-17 所示。可以看到，DTA 曲线在 110 ℃、270 ℃及 750 ℃出现吸热峰，其中 110 ℃的吸热峰是钙矾石脱去晶格水导致的，270 ℃的吸热峰主要是铝胶的脱羟基作用引起的，710 ℃的吸热峰是碳酸钙脱去二氧化碳引起的。随着钠基膨润土掺量的增加，参比浆体中钙矾石水化产物的吸热峰面积减小[图 5-17(a)]，吸热峰面积正比于水化产物的含量，说明钠基膨润土掺量越大，参比 CBGM 浆体中的水化产物越少；当掺加 2%的纳米 LiAl-LDH 到 CBGM 浆体中[图 5-17(b)]，随着钠基膨润土掺量的增加，钙矾石水化产物的吸热峰面积呈现减小的趋势，说明钠基膨润土掺量的增加导致 CBGM 浆体的水化产物减少。不同钠基膨润土掺量时 4 h 龄期参比浆体及掺加纳米 LiAl-LDH 的 CBGM 浆体的 TG 曲线如图 5-17 所示。对于参比浆体，当钠基膨润土掺量为 7%、9%、11%时，浆体的失重率分别为 27.50%、25.78%、24.44%，说明钠基膨润土掺量的增加减缓了 CBGM 浆体的水化。当掺加 2%纳米 LiAl-LDH 至 CBGM 浆体中，浆体的失重率分别为 33.90%、32.91%、32.02%，随着钠基膨润土掺量的增加，改性 CBGM 浆体中水化产物总量下降。钠基膨润土掺量为 7%、9%、11%时，纳米 LiAl-LDH 的掺加均促进了 CBGM 浆体的水化，导致水化产物的生成量增加。

### 5.2.4　CBGM 浆体性能与水化产物之间的关系

当钠基膨润土掺量为 7%、9%、11%时，参比浆体中钙矾石的失重率分别为 20.26%、19.69%、18.24%，呈现逐渐降低的趋势，纳米改性浆体中钙矾石的失重率分别为24.45%、23.04%、20.65%，随着钠基膨润土掺量的增大，CBGM 浆体中钙矾石的含量逐渐下降。1 mol 钙矾石分子在 110 ℃左右可失去 20 mol 的水，根据钙矾石的失重率可以求得 CBGM 浆体中钙矾石的含量(表 5-9)。

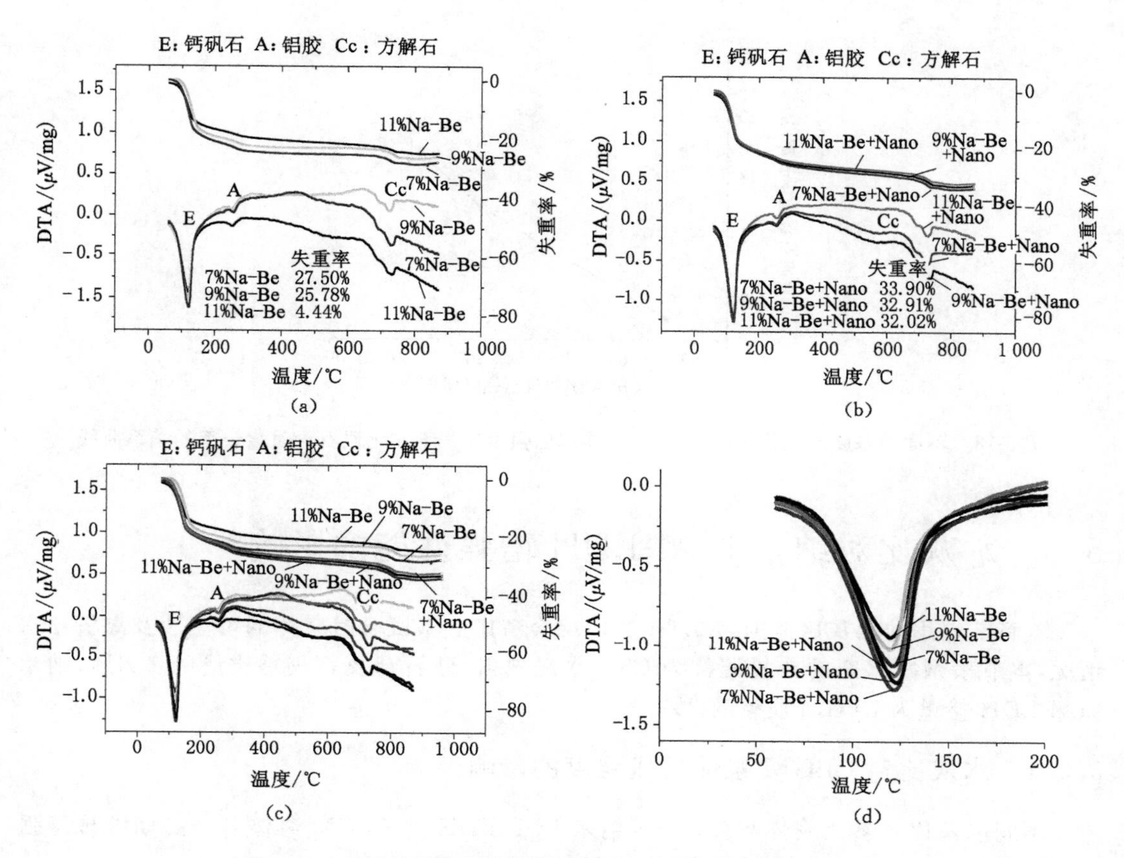


图 5-17　不同钠基膨润土掺量时 CBGM 浆体的 TG-DTA 谱图

(a) 参比浆体；(b) 纳米改性浆体；(c) 参比及改性浆体；(d) 图(c)中 50～200 ℃的局部放大图

(注：Nano 为纳米改性样品)

**表 5-9　CBGM 浆体中钙矾石生成量与抗压强度的关系(龄期 4 h)**

| | 7%-参比样品 | 7%-纳米改性样品 | 9%-参比样品 | 9%-纳米改性样品 | 11%-参比样品 | 11%-纳米改性样品 |
|---|---|---|---|---|---|---|
| 钙矾石含量/% | 70.56 | 85.16 | 68.60 | 80.26 | 63.53 | 71.91 |
| 抗压强度/MPa | 6.203 | 11.366 | 5.532 | 9.659 | 4.755 | 7.685 |

钠基膨润土掺量为 7%、9%、11%时，参比浆体及改性浆体的抗压强度如表 5-9 所示，相对于参比浆体，纳米改性浆体中抗压强度的增长率分别为 83.2%、74.6%、61.6%，钙矾石的增长率分别为 20.7%、17.0%、13.2%。以 CBGM 浆体抗压强度增长率为横坐标，钙矾石含量增长率为纵坐标作图(图 5-18)，水化产物中钙矾石增长率下降，意味着水化产物的增量逐渐降低，抗压强度增长率减小。浆体中水化产物含量的变化是钠基膨润土影响纳米 LiAl-LDH 增强能力变化的原因。

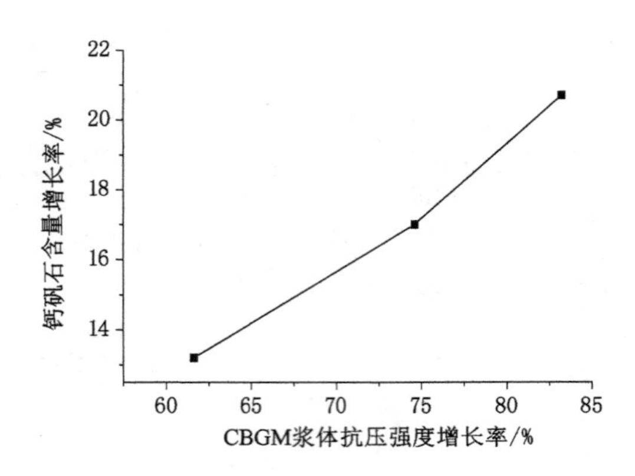


图 5-18　不同钠基膨润土掺量时 CBGM 浆体抗压强度增长率与钙矾石含量增长率的关系曲线

## 5.3　水灰比对纳米 LiAl-LDH 增强性能的影响

本章节选用的水灰比范围为 0.6～1.0，综合考虑成型试验时浆体的可注性及离析泌水情况，本节萘系减水剂的掺量调整为 CSA 水泥熟料、硬石膏及石灰总质量的 1.0%，纳米 LiAl-LDH 掺量为 CBGM 质量的 2%。

### 5.3.1　水灰比对 CBGM 浆体抗压强度的影响

不同水灰比时参比浆体与掺加 2%纳米 LiAl-LDH 的 CBGM 浆体各个龄期的抗压强度及抗压强度增长率如图 5-19 和图 5-20 所示。

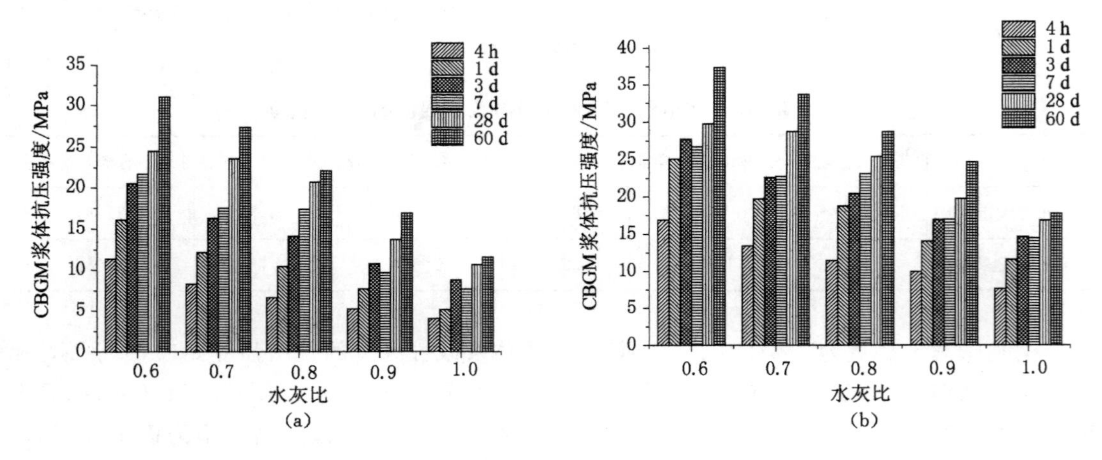


图 5-19　不同水灰比时 CBGM 浆体的抗压强度

(a) 参比浆体；(b) 纳米改性浆体

8 h 龄期时，随着水灰比从 0.6 增加到 1.0，参比浆体的抗压强度呈现逐渐降低的趋势。1 d、3 d、7 d、28 d、60 d 的抗压强度也呈现相似的变化规律。涂成厚[165]研究认为水

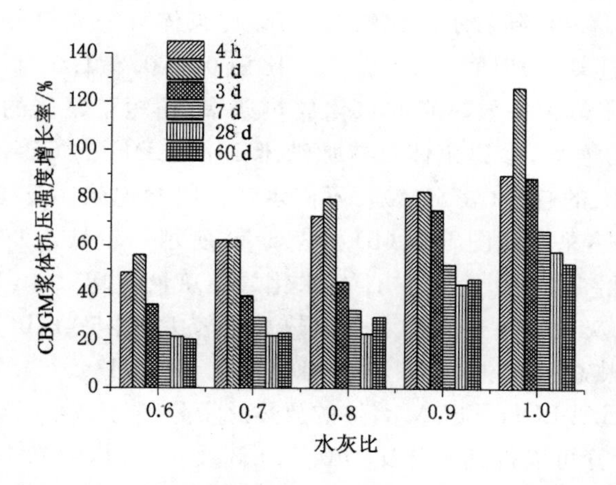


图 5-20　不同水灰比时 CBGM 浆体的抗压强度增长率

泥浆体中的毛孔和大孔，是浆体早期水化时的充水空间未被水化产物填充所导致的，因此水灰比的增大，会导致水泥浆体中的孔隙增多，从而降低了抗压强度。水灰比为 0.6、8 h龄期时，参比浆体与掺加纳米 LiAl-LDH 的 CBGM 浆体的抗压强度分别为 11.38 MPa 和 16.89 MPa，纳米 LiAl-LDH 的掺加使得浆体的抗压强度增大，抗压强度增长率为 48.48%，水灰比为 0.7、0.8、0.9、1.0 时的抗压强度增长率分别为 62.11%、72.32%、80.14%、89.78%(图 5-20)。可以看出，随着水灰比从 0.6 增大到 1.0，纳米 LiAl-LDH 的掺加使 CBGM 浆体的抗压强度增长率呈现逐渐增大的趋势，1 d、3 d、7 d、28 d、60 d 龄期时也出现了相似的趋势。

## 5.3.2　水灰比对 CBGM 浆体水化热的影响

水灰比为 0.6、0.8、1.0 时参比浆体及掺加纳米 LiAl-LDH 浆体的水化热如图 5-21 所示。

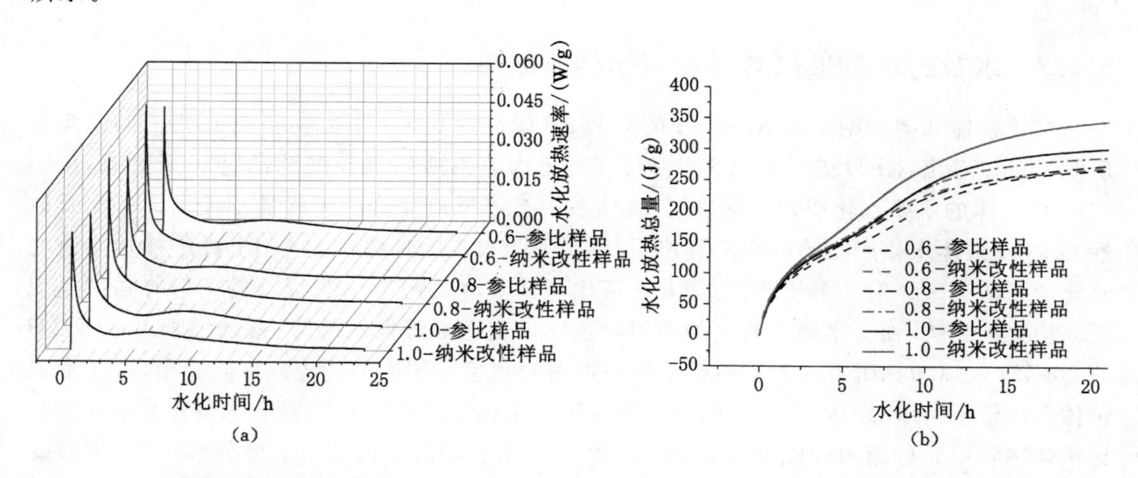


图 5-21　不同水灰比时参比及掺加 2%纳米 LiAl-LDH 的 CBGM 浆体的水化放热速率及水化放热总量

(a) 水化放热速率；(b) 水化放热总量

由图 5-21(a)可以看出，随着水灰比的增大，参比浆体第一放热峰的水化放热速率逐渐下降，诱导期缩短，加速期提前(表 5-10)。水灰比为 0.6、0.8、1.0 时，纳米 LiAl-LDH 的掺加，均提高了 CBGM 浆体第一放热峰的水化放热速率，缩短了浆体的诱导时间。与诱导前期不同，随着水灰比的增大，参比浆体及掺加纳米 LiAl-LDH 的 CBGM 浆体加速期的水化放热速率呈现逐渐增大的趋势(表 5-10)。不同水灰比时参比浆体及掺加纳米 LiAl-LDH 的 CBGM 浆体的水化放热总量如图 5-21(b)和表 5-10 所示。较低水灰比时浆体第一放热峰的放热速率较快，因此在水化开始的 1 h 内，水化放热总量较高。1 h 后，水化放热总量的发展趋势有了变化，即水灰比较高的浆体水化放热总量较大[图 5-21(b)]。水灰比为0.6、0.8、1.0 时，参比浆体的放热总量分别为 269.8307 J/g、279.467 9 J/g、304.324 4 J/g，当掺加胶凝材料质量 2%的纳米 LiAl-LDH，CBGM 浆体的放热总量分别为 274.247 3 J/g、290.467 9 J/g、349.694 6 J/g。通过计算可以得到水灰比为 0.6、0.8 及 1.0 时，纳米 LiAl-LDH 的掺加使得 CBGM 浆体的放热总量提高了 1.64%、3.94%、14.91%，即随着水灰比的增大，相对于参比浆体，纳米改性浆体水化放热总量的增长率呈增大趋势。

**表 5-10　CBGM 浆体水化放热速率、出峰时间及水化放热总量**

| 编号 | 第一水化放热峰 | | 第二水化放热峰 | | 诱导期结束时间/h | 水化放热总量/(J/g) |
|---|---|---|---|---|---|---|
| | 出峰时间/min | 水化放热速率/(mW/g) | 出峰时间/h | 水化放热速率/(mW/g) | | |
| 0.6-参比样品 | 4.8 | 47.4 | 8.0 | 4.4 | 4.2 | 269.8 |
| 0.6-纳米改性样品 | 4.9 | 57.2 | 7.6 | 4.6 | 4.0 | 274.2 |
| 0.8-参比样品 | 5.3 | 44.3 | 7.4 | 4.8 | 4.1 | 279.5 |
| 0.8-纳米改性样品 | 5.2 | 54.8 | 7.3 | 5.1 | 3.9 | 290.5 |
| 1.0-参比样品 | 5.1 | 41.9 | 7.0 | 5.4 | 3.9 | 304.3 |
| 1.0-纳米改性样品 | 5.2 | 44.5 | 6.0 | 6.4 | 3.5 | 349.7 |

### 5.3.3　水灰比对 CBGM 浆体微观结构的影响

参比浆体和掺加纳米 LiAl-LDH 的 CBGM(即改性 CBGM)浆体的 XRD 谱图如图 5-22 所示。可以看出，XRD 谱图中出现了钙矾石、无水硫铝酸钙及碳酸钙的特征衍射峰，说明 CBGM 浆体的主要水化产物是钙矾石，且体系中有未反应完全的无水硫铝酸钙。参比及改性 CBGM 浆体水化产物的出峰位置相同，说明不同水灰比时纳米 LiAl-LDH 的掺加未改变水化产物的类型。对于参比浆体，随着水灰比从 0.6 增大到 1.0，钙矾石的衍射峰强度呈现逐渐增大的趋势，而无水硫铝酸钙的衍射峰强度呈现逐渐降低的趋势；掺加纳米 LiAl-LDH 的 CBGM 浆体中钙矾石和无水硫铝酸钙的衍射峰也呈现相似的趋势。可以看出，对于参比浆体和改性 CBGM 浆体，水灰比的增大均促进了浆体的水化。1 d 龄期、水灰比为 0.6 时参比浆体中钙矾石的衍射峰强度较弱[图 5-22(a)]，无水硫铝酸钙的衍射峰较强，当掺加胶凝材料 2%纳米 LiAl-LDH 后，可以发现无水硫铝酸钙的衍射峰强度降低，钙矾石的衍射强度增加，相似的趋势也发生在水灰比为 0.8 及 1.0 时的参比及改性 CBGM 浆体中，说明纳米 LiAl-LDH 的掺加促进了 CBGM 浆体的水化反应。

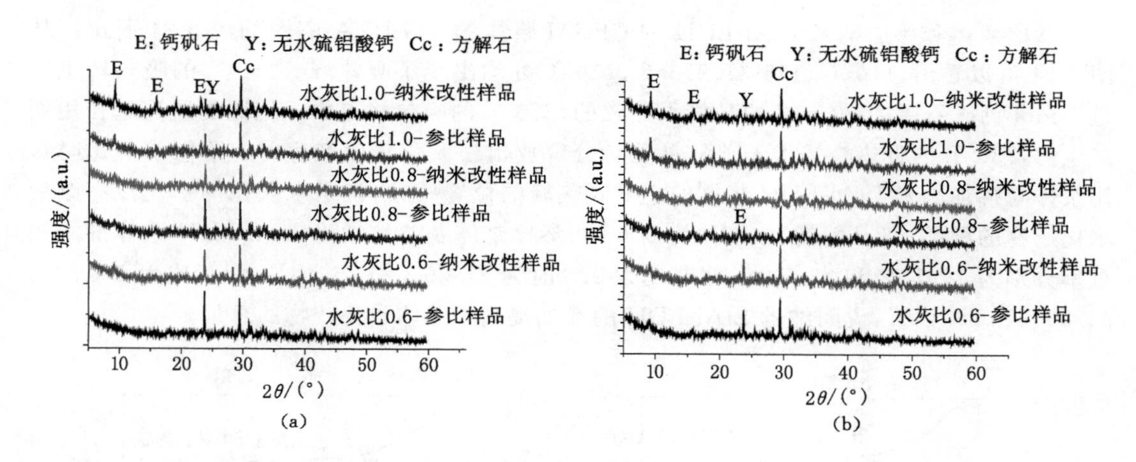


图 5-22 参比浆体与掺加纳米 LiAl-LDH 的 CBGM 浆体的 XRD 谱图

(a) 龄期 1 d;(b) 龄期 7 d

7 d 龄期时[图 5-22(b)],与参比浆体相比,改性 CBGM 浆体中无水硫铝酸钙的衍射峰强度减小,钙矾石的衍射峰强度增大,且水灰比为 0.6 时,无水硫铝酸钙的特征衍射峰几乎消失,此时钙矾石的衍射峰最强。说明纳米 LiAl-LDH 的掺加促进了 CBGM 浆体的水化,且水灰比不同,对纳米 LiAl-LDH 促进浆体水化的能力有差异。

参比浆体和掺加纳米 LiAl-LDH 的 CBGM 浆体的 FT-IR 谱图如图 5-23 所示。不同水灰比时,参比样品与改性 CBGM 样品的红外谱图吸收峰的位置一致,说明不同水灰比时纳米 LiAl-LDH 的掺加没有产生新的水化产物。3 635 $cm^{-1}$和 3 485 $cm^{-1}$处的红外吸收峰是结合水中的羟基及铝胶中羟基的伸缩振动引起的,1 014 $cm^{-1}$处的红外吸收峰是铝胶中 Al—O 键的伸缩振动引起的。1 480 $cm^{-1}$处的红外吸收峰是碳酸根的伸缩振动引起的,522 $cm^{-1}$处的红外吸收峰是 Si—O 键的伸缩振动引起的,879 $cm^{-1}$处的红外吸收峰为钙矾石的特征吸收峰;1 115 $cm^{-1}$处强而尖的红外吸收峰是 $SO_4^{2-}$ 的振动引起的,其原因是形成了水化硫铝酸钙。1 d 及 7 d 龄期时,浆体中有 Al—O 键的伸缩振动峰,表明浆体中有铝胶剩余,并未反应完全。

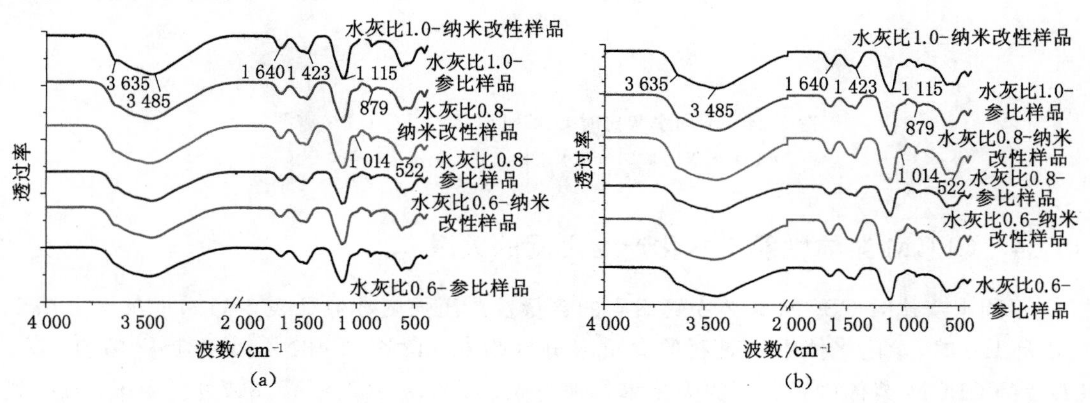


图 5-23 参比浆体与掺加纳米 LiAl-LDH 的 CBGM 浆体的 FT-IR 谱图

(a) 龄期 1 d;(b) 龄期 7 d

参比浆体和掺加纳米 LiAl-LDH 的 CBGM 浆体的 TG-DTA 谱图如图 5-24 所示。从图 5-24 可以看出，110 ℃、145 ℃、270 ℃、730 ℃处均出现了吸热峰。110 ℃的吸热峰主要是 1 mol 钙矾石脱去 20 mol 的晶格水导致的，270 ℃的吸热峰是由于铝胶的脱羟基作用而产生的，730 ℃的吸热峰是由于碳酸钙受热分解放出二氧化碳而产生的。不同水灰比时参比浆体与掺加纳米 LiAl-LDH 浆体的主要吸热峰的位置一致，说明水灰比的变化没有改变水化产物的种类。1 d 龄期、水灰比为 0.6 时，参比浆体及掺加纳米 LiAl-LDH 浆体的总失重率分别为 19.18%和 22.53%，水灰比为 0.8 时为 21.26%和 26.18%，水灰比为 1.0 时为 22.20%和 29.14%，说明纳米 LiAl-LDH 的掺加提高了浆体水化产物的总量。

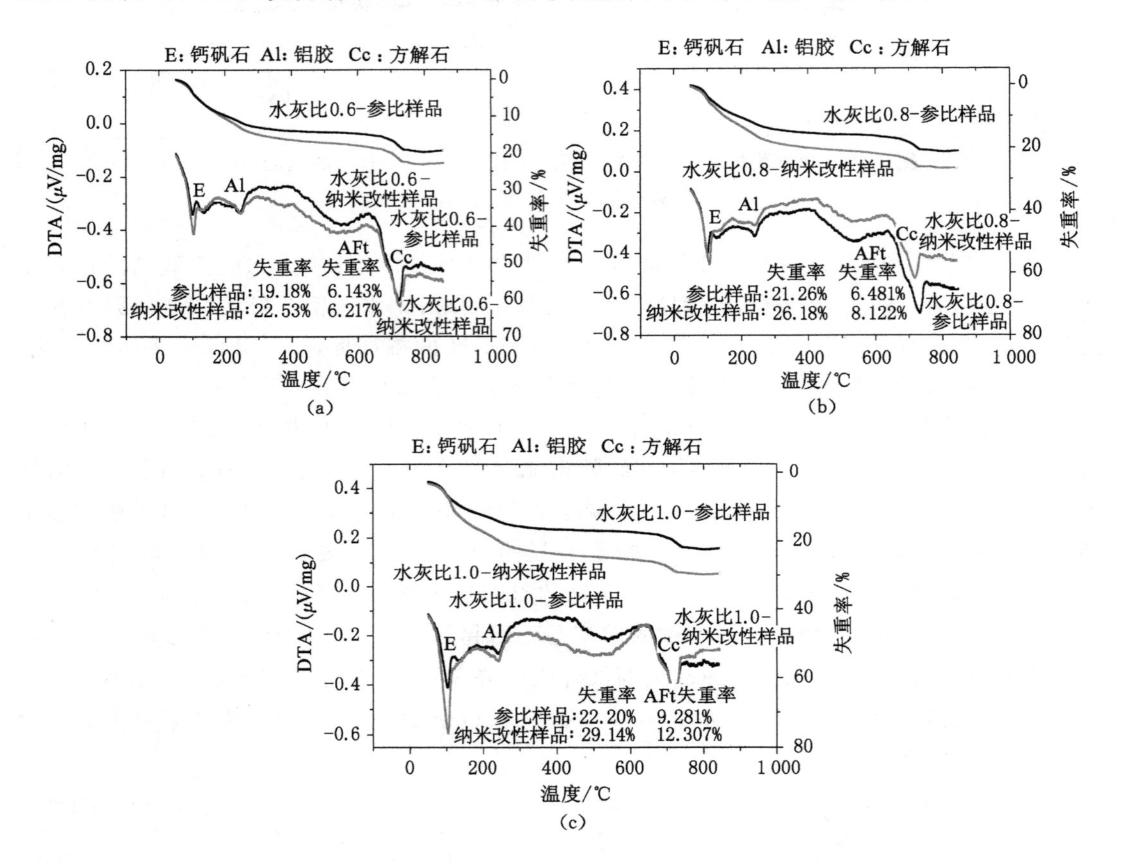


图 5-24 不同水灰比时 CBGM 浆体的 TG-DTA 谱图

(a) 水灰比 0.6；(b) 水灰比 0.8；(c) 水灰比 1.0

## 5.3.4 CBGM 浆体性能与水化产物之间的关系

不同水灰比时 CBGM 浆体中钙矾石的含量及抗压强度数值见表 5-11。水灰比为 0.6、0.8 及 1.0 时，参比浆体中钙矾石的失重率分别为 6.143%、6.481%、9.281%，掺加 LiAl-LDH 的 CBGM 浆体中钙矾石的失重率分别为 6.217%、9.109%、12.307%。由于 1 mol 钙矾石在 110 ℃左右失去 20 mol 的水，可计算出 CBGM 浆体中钙矾石的含量以及水灰比为 0.6、0.8、1.0 时 CBGM 浆体中钙矾石产物的增长率(相对于参比浆体)。

**表 5-11 CBGM 浆体中钙矾石生成量与抗压强度的关系(龄期 1 d)**

| | 0.6-参比样品 | 0.6-纳米改性样品 | 0.8-参比样品 | 0.8-纳米改性样品 | 1.0-参比样品 | 1.0-纳米改性样品 |
|---|---|---|---|---|---|---|
| 钙矾石含量/% | 21.39 | 21.66 | 22.57 | 28.29 | 32.33 | 42.85 |
| 抗压强度/MPa | 16.09 | 25.11 | 10.44 | 18.74 | 5.12 | 11.58 |

随着水灰比由 0.6 增大到 1.0(表 5-11),CBGM 浆体中钙矾石含量的增长率呈现增大的趋势。1 d 龄期时,随着水灰比由 0.6 增大到 1.0,参比浆体及改性 CBGM 浆体的抗压强度呈现逐渐增大的趋势,且抗压强度的增长率分别为 55.9%、79.5%、126.2%。以 CBGM 浆体抗压强度增长率和钙矾石含量增长率作图(图 5-25),水化产物中钙矾石含量增长率增大,意味着水化产物的增量逐渐增加,抗压强度增长率提高。浆体中水化产物含量的变化是水灰比影响 LiAl-LDH 增强能力变化的原因。

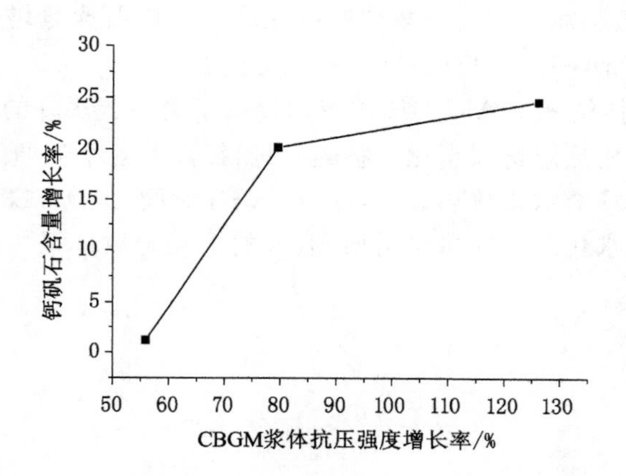


图 5-25 不同水灰比时 CBGM 浆体抗压强度增长率与钙矾石含量增长率的关系

## 5.4 本章小结

纳米材料的性能不仅与自身特性有关,而且与所处体系有关。本章主要研究了注浆材料体系的减水剂的类型及掺量、钠基膨润土掺量及水灰比对纳米 LiAl-LDH 抗压强度增长率的影响,得出的主要结论如下:

(1) 萘系减水剂和聚羧酸减水剂对 CBGM 浆体抗压强度的影响规律不同。纳米 LiAl-LDH 的掺加使得 CBGM 浆体的抗压强度显著提升,且随着萘系减水剂掺量由 1.50%增加到 3.00%,纳米 LiAl-LDH 对 CBGM 浆体的抗压强度提高能力降低。纳米 LiAl-LDH 可促进 CBGM 浆体的水化,且萘系减水剂掺量对浆体的水化过程有影响,当萘系减水剂掺量为 1.5%和 2.25%时,纳米 LiAl-LDH 的掺加促使 CBGM 浆体的水化放热总量增加,当继续增大萘系减水剂掺量至 3.0%时,纳米 LiAl-LDH 的掺加促使 CBGM 浆体的水化放热总量下降。不同萘系减水剂时 CBGM 浆体抗压强度及钙矾石含量增长趋势一致,这是萘系减水剂掺量影响纳米 LiAl-LDH 增强能力变化的原因。

(2) 随着聚羧酸减水剂掺量由 0.9%增加到 1.33%,参比浆体及掺加纳米 LiAl-LDH

的 CBGM 浆体抗压强度增大，第一放热峰水化放热速率增大，诱导期缩短，水化放热总量提高，说明聚羧酸掺量由 0.9%增加到 1.33%促进了 CBGM 浆体的水化；当聚羧酸掺量由 1.33%增加到 2.13%时，参比浆体及掺加纳米 LiAl-LDH 的 CBGM 浆体的抗压强度下降，水化放热速率和水化放热总量下降，且与参比浆体相比，掺加纳米 LiAl-LDH 的 CBGM 浆体的抗压强度及水化放热速率均下降。通过 XRD、红外光谱、总有机碳含量和流变参数测试，发现纳米 LiAl-LDH 与聚羧酸减水剂并未发生插层，有少量吸附，纳米 LiAl-LDH 的掺加，导致可用于水泥颗粒的聚羧酸减水剂增加，屈服应力减小，从而导致 CBGM 浆体水化速率下降，抗压强度下降。

(3) 随着钠基膨润土掺量的增加，参比浆体及掺加纳米 LiAl-LDH 的 CBGM 浆体各个龄期的抗压强度呈现逐渐降低的趋势，水化放热速率及总量下降，水化产物生成量下降。不同钠基膨润土掺量下，纳米 LiAl-LDH 的掺加提高了各个龄期的抗压强度，水化放热速率及总量增加，水化产物生成量增加。钠基膨润土掺量为 7%时，纳米 LiAl-LDH 的抗压强度提高能力最强。不同钠基膨润土掺量下浆体抗压强度与钙矾石含量增长趋势一致，这是钠基膨润土掺量影响纳米 LiAl-LDH 增强能力变化的原因。

(4) 不同水灰比时，纳米 LiAl-LDH 的掺加提高了第一放热峰的放热速率，对诱导时间影响不大，增加了水化放热总量和水化产物的总量，提高了各个龄期的抗压强度。水灰比的增大，降低了第一放热峰的水化放热速率，缩短了诱导时间，提高了第二放热峰的反应速率，浆体的总放热量增加，水化产物的总量增加，但水的消耗导致体系中出现大量的孔隙，从而导致抗压强度降低。

# 6　CBGM 浆体组成优化研究

通过第 3、4、5 章的研究，可以看出纳米材料对 CBGM 浆体的改性效果不仅与纳米材料的类型、特性有关，而且与纳米材料所处的环境（如减水剂类型、减水剂掺量、悬浮剂掺量等）有关。为获得高力学性能的 CBGM 浆体，本章首先对纳米材料掺量、减水剂掺量、悬浮剂掺量等进行优化，以抗压强度为评价指标，得到影响力学性能因素的主次顺序及最优配比。对 LiAl-LDH 与常用早强剂碳酸锂（$Li_2CO_3$）在力学、凝结、稳定性及流变等方面进行性能对比。

## 6.1　组成优化研究

在实际使用 CBGM 浆体过程中要注重浆体前期的流动性、稳定性及凝结硬化后的凝结性能和力学性能（抗压强度）。萘系减水剂可调整浆体的流动性，纳米 LiAl-LDH 可提高浆体的力学性能，钠基膨润土可提高浆体的稳定性。因此，选取萘系减水剂、纳米 LiAl-LDH 及钠基膨润土 3 个因素进行正交试验（表 6-1），设计 3 因素 3 水平正交表[$L_9(3^3)$]（表 6-2）。

**表 6-1　因素与水平**

| 水平 | 萘系减水剂掺量(A)/% | 纳米 LiAl-LDH 掺量(B)/% | 钠基膨润土掺量(C)/% |
|---|---|---|---|
| 1 | 1.50 | 1.0 | 11 |
| 2 | 2.25 | 5.0 | 7 |
| 3 | 3.00 | 3.0 | 4 |

**表 6-2　正交试验分析结果(一)**

| 试验编号 | A | B | C | 6 h 抗压强度/MPa | 60 d 抗压强度/MPa |
|---|---|---|---|---|---|
| $S_1$ | 1 | 1 | 1 | 2.60 | 26.49 |
| $S_2$ | 1 | 2 | 2 | 8.83 | 29.99 |
| $S_3$ | 1 | 3 | 3 | 4.26 | 27.28 |
| $S_4$ | 2 | 1 | 2 | 1.66 | 26.60 |
| $S_5$ | 2 | 2 | 3 | 10.26 | 32.70 |
| $S_6$ | 2 | 3 | 1 | 8.14 | 27.42 |
| $S_7$ | 3 | 1 | 3 | 4.88 | 24.06 |

**表 6-2(续)**

| 试验编号 | A | B | C | 6 h 抗压强度/MPa | 60 d 抗压强度/MPa |
|---|---|---|---|---|---|
| $S_8$ | 3 | 2 | 1 | 6.39 | 25.45 |
| $S_9$ | 3 | 3 | 2 | 7.86 | 22.45 |
| 试验结果 | A | B | C | | |
| $k_1$ | 5.23 | 1.75 | 5.71 | | |
| $k_2$ | 6.69 | 8.49 | 6.12 | | |
| $k_3$ | 6.38 | 6.76 | 6.46 | | |
| $R$ | 1.46 | 6.74 | 0.75 | | |
| $j_1$ | 27.92 | 25.72 | 26.45 | | |
| $j_2$ | 28.91 | 29.38 | 26.34 | | |
| $j_3$ | 23.98 | 25.72 | 28.01 | | |
| $P$ | 4.93 | 3.66 | 1.67 | | |

前期试验发现，纳米 LiAl-LDH 的掺加也可以提高 CBGM 浆体的稳定性(表 3-8)，钠基膨润土的掺量降低有利于提高硬化浆体的力学性能。因此，本章节中钠基膨润土掺量的 3 个水平分别取 4%、7%、11%，萘系减水剂掺量分别取 1.50%、2.25%、3.00%，纳米材料掺量分别取 1%、3%、5%。$L_9(3^3)$正交表(表 6-2、表 6-3)中，以抗压强度为评价指标；$S_1$～$S_9$ 为试验编号；$k_1$、$k_2$、$k_3$ 为各个因素取 1、2、3 水平时对应 6 h 抗压强度值的均值；$R$ 为以 6 h 抗压强度为评价指标时 3 个因素的极差数值；$j_1$，$j_2$，$j_3$ 分别为各个因素分别取 1、2、3 水平时对应 60 d 抗压强度的均值；$P$ 为以 60 d 抗压强度为评价指标时 3 个因素的极差数值；$m_1$、$m_2$、$m_3$ 为各个因素分别取 1、2、3 水平时对应 30 min 马氏漏出时间的均值；$Q$ 为以 30 min 马氏流出时间为评价指标时 3 个因素的极差数值；$n_1$、$n_2$、$n_3$ 为各个因素分别取 1、2、3 水平时对应 30 min 马氏漏出时间的均值；$O$ 为以 30 min 马氏漏出时间为评价指标时 3 个因素的极差数值。

以 6 h 抗压强度为评价指标时(表 6-2)，A、B、C 三个因素的极差数值分别为 1.46、6.74、0.75，则各因素的影响从大到小顺序为：纳米材料、萘系减水剂、钠基膨润土，最佳配比为 $B_2A_2C_3$，即 B 因素取第二水平、A 因素取第二水平、C 因素取第三水平时浆体 6 h 的抗压强度最高，即正交试验中的第五组($S_5$)。

以 60 d 抗压强度为评价指标时(表 6-2)，A、B、C 三个因素的极差数值分别为 4.93、3.66、1.67，则各因素的影响从大到小顺序为：萘系减水剂、纳米材料、钠基膨润土，最佳配比为 $A_2B_2C_3$，即 A 因素取第二水平、B 因素取第二水平、C 因素取第三水平时浆体 60 d 的抗压强度最高，即正交试验中的第五组($S_5$)。

可以看出，纳米材料对早期 6 h 的抗压强度影响较大，萘系减水剂对 60 d 龄期的抗压强度影响较大，但以 6 h 和 60 d 抗压强度为评价指标时的最优配比是一致的，故选择 $B_2A_2C_3$ 配比对 CBGM 浆体的抗压强度有利。

**表 6-3 正交试验分析结果(二)**

| 试验编号 | A | B | C | 马氏流出时间(30 min)/s | 马氏流出时间(60 min)/s |
|---|---|---|---|---|---|
| $S_1$ | 1 | 1 | 1 | 33 | 35.1 |
| $S_2$ | 1 | 2 | 2 | 33.4 | 34.9 |
| $S_3$ | 1 | 3 | 3 | 35.7 | 35.9 |
| $S_4$ | 2 | 1 | 2 | 30.6 | 32.2 |
| $S_5$ | 2 | 2 | 3 | 43.1 | 43.5 |
| $S_6$ | 2 | 3 | 1 | 36.3 | 35.7 |
| $S_7$ | 3 | 1 | 3 | 32.3 | 33.5 |
| $S_8$ | 3 | 2 | 1 | 36 | 40.3 |
| $S_9$ | 3 | 3 | 2 | 33.1 | 34.8 |
| 试验结果 | A | B | C | | |
| $m_1$ | 34.0 | 31.9 | 35.1 | | |
| $m_2$ | 36.7 | 37.5 | 32.4 | | |
| $m_3$ | 33.8 | 35.0 | 37.0 | | |
| $Q$ | 2.9 | 5.6 | 4.6 | | |
| $n_1$ | 35.3 | 33.6 | 37.0 | | |
| $n_2$ | 37.1 | 39.6 | 34.0 | | |
| $n_3$ | 36.2 | 38.1 | 37.6 | | |
| $O$ | 1.8 | 6.0 | 3.6 | | |

以 30 min 时的马氏流出时间为评价指标时，各因素的影响从大到小顺序为：纳米材料、钠基膨润土、萘系减水剂，最优配比为 $B_1C_2A_3$，以 60 min 时的马氏流出时间为评价指标时，各因素的影响从大到小顺序为：纳米材料、钠基膨润土、萘系减水剂，最优配比为 $B_1C_2A_1$。

当较注重注浆材料的力学性能时，如用于抢修抢建工程，可选择正交试验 $S_5$，即纳米浆料掺量为 5%、萘系减水剂掺量为 2.25%、钠基膨润土掺量为 4%；当较注重流动性能且要求一定的力学性能时，可选择正交试验 $S_2$，即纳米材料掺量为 5%、钠基膨润土掺量为 7%、萘系减水剂掺量为 1.5%。9 组正交试验 60 min 的马氏漏出时间均小于 45 s，此流动性能能够满足抢修抢建、高速公路维修加固等的需要。因此，优选正交试验中的 $S_5$ 组。

## 6.2 外加剂对 CBGM 浆体性能影响的对比研究

本节拟在 6.1 节正交试验的基础上，对纳米 LiAl-LDH 与碳酸锂在力学、凝结、稳定性及流变等方面进行对比。采用 40 mm×40 mm×40 mm 模具进行抗压强度测试，纳米 LiAl-LDH 的掺量为胶凝材料质量的 5%，本节中碳酸锂的掺量选择 0.03%、0.06%、0.09%、0.12%、0.15%、0.20%、0.40%、0.60%。

### 6.2.1 外加剂对 CBGM 浆体抗压强度的影响

纳米 LiAl-LDH 对 CBGM 浆体抗压强度的影响如图 6-1 所示。纳米 LiAl-LDH 的掺量为水泥基材料质量的 5%。4 h 龄期时,参比浆体及掺加纳米 LiAl-LDH 的 CBGM 浆体的抗压强度分别为 3.57 MPa 和 8.27 MPa,说明纳米 LiAl-LDH 显著提高了 CBGM 浆体 4 h 的抗压强度。1 d、7 d、28 d、60 d、90 d 时也呈现相似的变化规律。可见对于 CBGM 浆体,纳米 LiAl-LDH 能够较好地促进浆体抗压强度发展,且后期抗压强度不发生倒缩的现象。

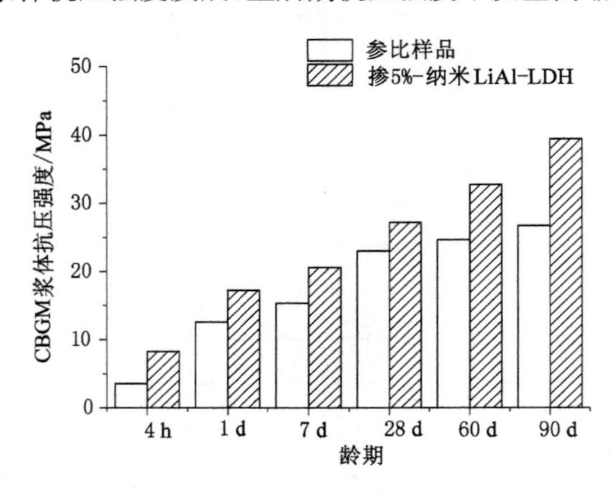


图 6-1　纳米 LiAl-LDH 对 CBGM 浆体抗压强度的影响

当采用正交试验 $S_5$ 的配比,且使用不同掺量的 $Li_2CO_3$ 替代纳米 LiAl-LDH 时,与参比浆体相比,4 h、1 d、7 d、28 d 的抗压强度均呈现下降的越势。因此研究 $Li_2CO_3$ 对 CBGM 浆体性能的影响时选择了常用的注浆材料配比。

$Li_2CO_3$ 对 CBGM 浆体抗压强度的影响如图 6-2 所示。

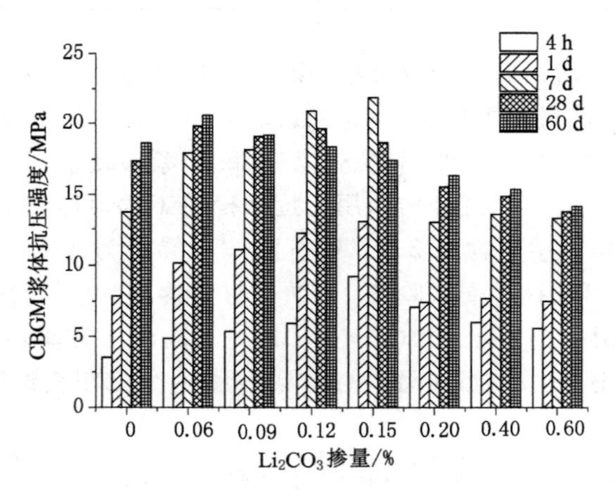


图 6-2　$Li_2CO_3$ 对 CBGM 浆体抗压强度的影响

4 h 龄期时,参比浆体的抗压强度为 3.51 MPa,当掺加 0.06%~0.6%的 $Li_2CO_3$ 时,浆体的抗压强度均显著提高,且随着掺量由 0.06%提高到 0.15%时,抗压强度逐渐增大,当 $Li_2CO_3$ 的掺量由 0.15%增加到 0.6%时,抗压强度呈现逐渐减小的趋势。1 d 及 7 d 龄期时,与参比浆体相比,掺加 0.06%~0.15%的 $Li_2CO_3$ 时,浆体的抗压强度增大,且随着掺量的增加而增大。继续提高 $Li_2CO_3$ 的掺量至 0.20%、0.40%、0.60%时,与参比浆体相比,抗压强度降低。28 d 龄期时,与参比浆体相比,掺加 0.06%、0.09%、0.12%、0.15%的

$Li_2CO_3$ 时，浆体的抗压强度仍有提高，抗压强度增长率分别为 13.9%、9%、12.9%、7.3%，继续提高 $Li_2CO_3$ 的掺量，抗压强度又下降，低于参比浆体抗压强度。$Li_2CO_3$ 的掺量为 0.12%和 0.15%时，虽然其抗压强度高于参比浆体，但是低于 7 d 龄期时的抗压强度，产生倒缩现象。

### 6.2.2　外加剂对 CBGM 浆体凝结时间的影响

纳米 LiAl-LDH 及 $Li_2CO_3$ 对 CBGM 浆体凝结时间的影响如图 6-3 所示。

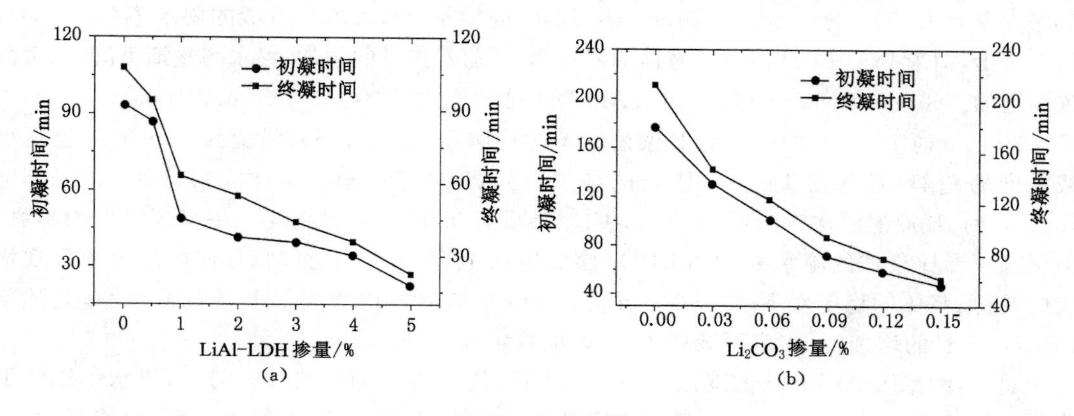


图 6-3　CBGM 浆体的凝结时间

(a) 掺纳米 LiAl-LDH；(b) 掺 $Li_2CO_3$

温度为 20 ℃、水灰比为 0.8 时，参比浆体的初凝时间和终凝时间分别为 94 min 和 107.5 min。掺加 0.5%纳米 LiAl-LDH 时，浆体的初凝时间和终凝时间缩短为 87 min 和 94.5 min。当纳米 LiAl-LDH 的掺量为 2.0%时，纳米 LiAl-LDH 使得浆体的初凝时间和终凝时间缩短了 55.9%和 48.8%。进一步提高纳米 LiAl-LDH 的掺量至 5%时，纳米 LiAl-LDH 使得浆体的初凝时间和终凝时间缩短为 22 min 和 22.5 min。可以看出，纳米 LiAl-LDH 显著缩短了 CBGM 浆体的初凝时间和终凝时间。

当掺加 0.03% $Li_2CO_3$ 时，初凝时间和终凝时间为 130.5 min 和 147 min，分别缩短了 26.3%和 30.8%；增大 $Li_2CO_3$ 的掺量至 0.09%时，CBGM 浆体的初凝时间和终凝时间分别为 71 min 和 94 min，缩短了 59.9%和 55.8%。可以看出，随着 $Li_2CO_3$ 掺量的增加，CBGM 浆体的初凝时间和终凝时间逐渐缩短。

### 6.2.3　外加剂对 CBGM 浆体泌水率的影响

水泥基注浆材料如果发生离析分层现象，会导致注浆材料在泵送过程中堵塞管路，影响浆体的水化过程，最终影响其强度发展，因此水泥基注浆材料的稳定性非常重要。浆体的稳定性可根据泌水率来衡量。浆体的泌水率越大，表明浆体的稳定性越差。一般来讲，浆体的泌水率小于 5%时，可认为浆体是相对稳定的。

新拌浆体中的水包括结合水、润湿水和自由水。水泥基材料遇水后发生水化反应，此时消耗的水为结合水，这部分水不能被相邻的水分子置换，也无法溢出拌合物；干燥的胶凝材料表面会吸附一部分水，使材料表面润湿，这部分水受到固体表面的吸附，不能溢出拌合物，但是可以被相邻的水替换，称为润湿水；新拌浆体中其余部分的水为自由水，在新拌浆体中起润滑作用，这部分水与胶凝材料的联系较少，可以逸出到浆体表面，由于水的密度较小，水逸出后上浮，形成泌水。水由浆体的内部逸出到表面需要经过较长的距离，如果水逸出的孔道被阻断，宏观上表现为泌水率降低。

实际注浆过程中，纳米改性剂和早强剂用于注浆材料的 B 液中。掺加纳米 LiAl-LDH 和 $Li_2CO_3$ 浆液的泌水率如图 6-4 所示。30 min 时，参比浆体（B 液）的泌水率为 3.13%，掺加 0.5%的纳米 LiAl-LDH 时 B 液的泌水率为 2.50%，增大纳米 LiAl-LDH 的掺量至2.0%时 B液的泌水率为 1.46%，进一步增大纳米 LiAl-LDH 的掺量至 5.0%时 B 液的泌水率为 0.63%。可以看出，纳米 LiAl-LDH 降低了浆体的泌水率，且随着掺量的增加，泌水率逐渐下降，稳定性逐渐增加。60 min 和 90 min 时纳米 LiAl-LDH 对 B 液的影响趋势与 30 min 时相似。

30 min 时 $Li_2CO_3$ 的掺加对 B 液泌水率的影响不大，由 1.584%变为 1.563%，呈现小幅降低的趋势，且随着 $Li_2CO_3$ 掺量的增加，泌水率不变。60 min 时，当掺加 0.012 5% $Li_2CO_3$ 时，B 液的泌水率降低，增加 $Li_2CO_3$ 掺量至 0.09%，B 液的泌水率呈现增大的趋势，但仍高于参比浆体的泌水率，当 $Li_2CO_3$ 掺量为 0.125%和 0.15%时，B 液的泌水率呈现增大的趋势，浆体的稳定性下降。90 min 时，$Li_2CO_3$ 的掺加均增大了 B 液的泌水率，且随着 $Li_2CO_3$ 掺量的增加，泌水率逐渐增大，浆体的稳定性下降。

总之，纳米 LiAl-LDH 能降低 B 液的泌水率，随着掺量的增加（0～5%），泌水率逐渐下降。少量的 $Li_2CO_3$（0.012 5%）能够降低 B 液 30 min 和 60 min 时的泌水率，但掺量增加，泌水率增大，稳定性下降。

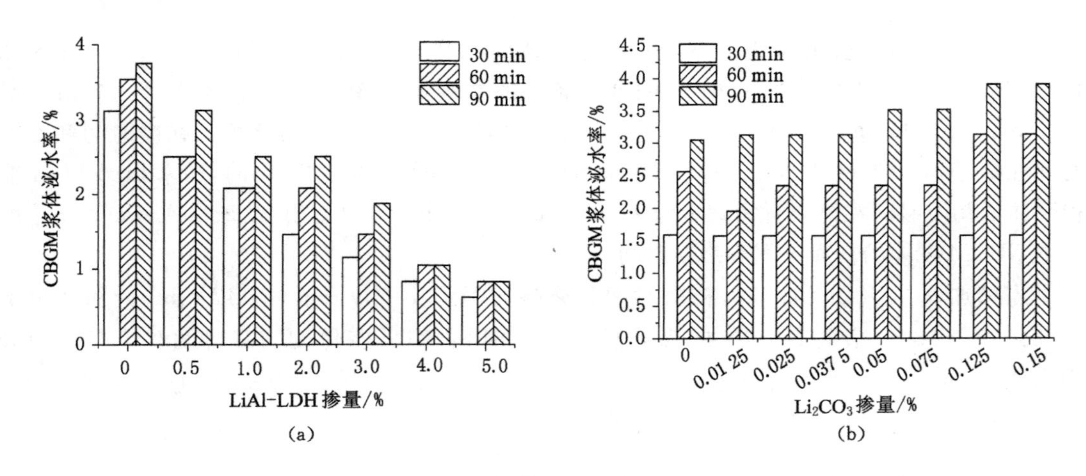


图 6-4　CBGM 浆体的泌水率

(a) 掺纳米 LiAl-LDH；(b) 掺 $Li_2CO_3$

## 6.2.4　外加剂对 CBGM 浆体流变参数的影响

新拌水泥浆体是介于黏性液体、弹性体和塑性体之间的一种材料，其流动性受诸多因素影响，如减水剂的类型及掺量、水灰比、速凝剂、早强剂等。注浆材料的流动性影响材料的可泵性是 CBGM 浆体的重要性能之一。塑性黏度和屈服应力是流变学中的两个重要参数，是表征新拌水泥基材料浆体流动性的重要指标。

利用同轴圆筒旋转黏度计测试可得到浆体的塑性黏度和屈服应力，通过屈服应力和塑性黏度的变化，可得到不同种类增强剂对浆体流变性能的影响规律。新拌水泥浆体的流变性可用非牛顿流体流变模型来描述，本试验采用宾汉姆模型来描述水泥浆体的剪切应力和剪切速率之间的关系。

CBGM 浆体的流变曲线如图 6-5 所示。CBGM 浆体的流变曲线经宾汉姆模型拟合后其屈服应力和塑性黏度的数值见表 6-4。CBGM 浆体的屈服应力和塑性黏度曲线如图 6-6 所示。参比浆体(B 液)的屈服应力和塑性黏度分别为 0.088 1 Pa 和 0.002 9 Pa · s。当掺加 1%的纳米 LiAl-LDH 时，浆体的屈服应力和塑性黏度分别为 0.134 9 Pa 和 0.003 3 Pa · s；提高纳米 LiAl-LDH 的掺量至 4%时，浆体的屈服应力为 0.598 0 Pa，塑性黏度为 0.007 4 Pa · s；当掺加 5%的纳米 LiAl-LDH 时，浆体的屈服应力为 0.732 4 Pa，塑性黏度为 0.009 4 Pa · s。可以看出，纳米 LiAl-LDH 提高了浆体的屈服应力和塑性黏度，且纳米材料掺量越大，屈服应力越大，塑性黏度越高。

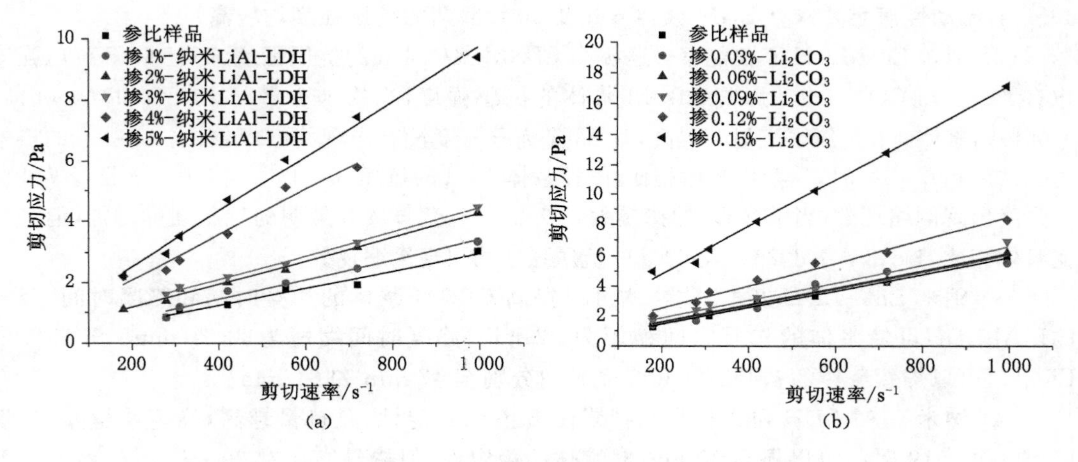


图 6-5 CBGM 浆体的流变曲线

(a) 掺纳米 LiAl-LDH；(b) 掺 $Li_2CO_3$

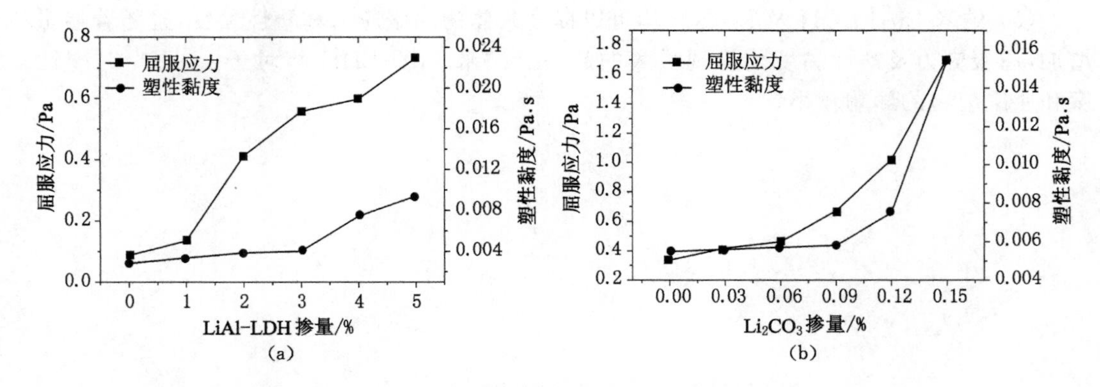


图 6-6 CBGM 浆体的屈服应力和塑性黏度曲线

(a) 掺纳米 LiAl-LDH；(b) 掺 $Li_2CO_3$

掺加0.03%的$Li_2CO_3$时，B液的屈服应力提高了24.0%，塑性黏度变化不大。提高$Li_2CO_3$的掺量至0.15%时，B液的屈服应力和塑性黏度分别提高了407%和180%。可以看出，$Li_2CO_3$可提高浆体屈服应力和塑性黏度，且随着掺量增加，屈服应力和塑性黏度逐渐增大。

总之，纳米LiAl-LDH及$Li_2CO_3$的掺加均提高了B液的屈服应力和塑性黏度，且随着掺量的增加逐渐增大。与$Li_2CO_3$相比，纳米LiAl-LDH对塑性黏度和屈服应力的影响相对较小。

## 6.3 本章小结

(1) 优化CBGM浆体中纳米浆料、减水剂及悬浮剂的配比，得出纳米LiAl-LDH掺量为5%、萘系减水剂掺量为2.25%、钠基膨润土掺量为4%时，30 min时的马氏漏斗时间为43.1 s，流动性满足要求，CBGM浆体4 h及60 h龄期的抗压强度均较高。

(2) 纳米LiAl-LDH不仅能够显著提高CBGM浆体4 h的抗压强度，而且60 d抗压强度也有增长。$Li_2CO_3$的掺量影响CBGM浆体的抗压强度，当掺加少量的$Li_2CO_3$时(0.06%、0.09%)，浆体4 h抗压强度显著提高，且28 d抗压强度没有出现倒缩现象；当$Li_2CO_3$的掺量为0.12%和0.15%时，与参比浆体相比，改性浆体28 d的抗压强度增加，但相对于自身7 d抗压强度出现倒缩现象；当$Li_2CO_3$的掺量大于0.2%时，浆体4 h龄期的抗压强度增加，但与参比浆体相比，1 d、3 d、7 d、28 d及60 d的抗压强度均出现倒缩现象。

(3) 纳米LiAl-LDH及$Li_2CO_3$均可以提高CBGM浆体的初凝时间和终凝时间。5%的LiAl-LDH可使浆体的初凝时间缩短为22 min，终凝时间缩短为22.5 min。0.15%的$Li_2CO_3$可以缩短浆体的初凝时间和终凝时间分别至47 min和61 min。

(4) 纳米LiAl-LDH可以提高新拌浆体B液的稳定性，且掺量越高，稳定性越好，少量$Li_2CO_3$(0.012 5%)可以提高30 min时浆体的稳定性，但掺量增加对30 min时的稳定性无明显影响。90 min时，$Li_2CO_3$的掺加均增大了B液的泌水率，且随着$Li_2CO_3$掺量的增加，泌水率逐渐增大，浆体的稳定性下降。

(5) 纳米LiAl-LDH及$Li_2CO_3$均可以提高浆体的屈服应力和塑性黏度，且随着掺量的增加，屈服应力及塑性黏度均呈现增大的趋势。纳米LiAl-LDH相对于$Li_2CO_3$对塑性黏度和屈服应力的影响较小。

# 7 结论与展望

本书以与水泥水化产物具有同晶结构的纳米 LiAl-LDH 和纳米钙矾石改性 CSA 水泥基材料为研究对象，分析了纳米材料特性对水泥基材料水化硬化规律的影响并阐明其改性机理，优选纳米 LiAl-LDH，研究注浆材料组成（水灰比、减水剂类型及掺量、钠基膨润土掺量）对纳米 LiAl-LDH 改性 CBGM 浆体抗压强度的影响规律并分析其原因，优化纳米 LiAl-LDH、减水剂及悬浮剂配比，得到早期和中后期力学性能较好的 CBGM 浆体，并与掺 $Li_2CO_3$ 的 CBGM 浆体在力学、凝结、稳定性及流变等方面进行对比研究。

## 7.1 主要结论

（1）不同种类的类水滑石（LiAl-LDH、MgAl-LDH、ZnMgAl-LDH 及 ZnAl-LDH）均可以促进 CSA 水泥浆体的水化并提高各个龄期的抗压强度，且层板元素组成不同，对 CSA 水泥浆体影响有差异，纳米 LiAl-LDH 具有较好的改性效果；纳米 LiAl-LDH 的粒径及分散程度影响 CSA 水泥的水化硬化过程。粒径越小、分散程度越好，对 CSA 水泥水化的促进作用越强，抗压强度越高，凝结时间越短；纳米 LiAl-LDH 能够促进 CBGM 浆体的水化，其用量为水泥基材料质量的 4％时可使得初凝时间和终凝时间分别缩短 62.4％和 64.8％，4 h 抗压强度提高 153.9％，60 d 的抗压强度提高 49.0％。锂铝类水滑石不改变水化产物的种类，但提高水化产物的生成量，影响水化产物的结晶习性，改变加速期及减速期的速率控制步骤，纳米 LiAl-LDH 由于纳米晶核及 $Li^+$ 的协同作用使 CBGM 浆体抗压强度提高。

（2）原料种类、溶剂组成、晶化时间、晶化温度及表面活性剂种类等合成条件影响钙矾石的粒径或纯度。在单因素试验基础上，选用晶化温度、表面活性剂掺量及晶化时间三个因素，设计带有交互作用的正交试验 $L_{27}(3^3)$，结果表明，晶化温度对钙矾石的纯度和粒径影响较大，柠檬酸的掺量对钙矾石纯度的影响较大，晶化温度与晶化时间之间的交互作用对钙矾石的粒径有影响，但不显著。将不同特性的纳米钙矾石改性 CBGM 浆体，发现杂质含量越低、粒径越小，CBGM 浆体各个龄期的抗压强度越高，当掺加水泥基注浆材料质量 2％的 AFt-100％时，4 h 抗压强度增长率为 108.0％，60 d 时为 29.6％。浆体的水化放热速率和水化放热总量增加，水化产物的生成量质量提高。纳米钙矾石提供了水化产物成核位，没有改变水化产物的类型，但影响水化产物钙矾石的结晶习性。与纳米钙矾石相比，锂铝类水滑石能够更好地提高各个龄期的抗压强度，缩短初凝时间和终凝时间，改性能力较好。

（3）纳米材料的性能不仅与自身特性有关，而且与减水剂的类型及掺量、钠基膨润土的用量、水灰比有关。萘系减水剂、钠基膨润土及水灰比均通过改变硬化浆体中水化产物的含量影响纳米 LiAl-LDH 的抗压强度提高能力，随着抗压强度增长率增大，LiAl-LDH 对 CBGM 浆体的抗压强度提高能力增大；聚羧酸减水剂的掺量影响纳米 LiAl-LDH 抗压强度提高能力，低掺量时(0.90%)，纳米 LiAl-LDH 能够提高 CBGM 浆体的抗压强度，掺量提高至1.33%及2.13%时，纳米 LiAl-LDH 的添加提高了 CBGM 浆体可用的聚羧酸减水剂的量，降低了 CBGM 浆体的屈服应力和抗压强度。

(4) 优化 CBGM 浆体中纳米浆料、减水剂及悬浮剂的配比，得出纳米 LiAl-LDH 掺量为 5%、萘系减水剂掺量为 2.25%、钠基膨润土掺量为 4%时，30 min 时的马氏漏斗时间为 43.1 s，流动性满足要求。水灰比为 0.8 时，6 h 及 60 d 龄期抗压强度达到 10.26 MPa 和 32.70 MPa；纳米 LiAl-LDH 及 $Li_2CO_3$ 均提高了 CBGM 浆体 6 h 抗压强度，缩短了初凝时间和终凝时间，提高了浆体的稳定性，降低了屈服应力和塑性黏度，但纳米 LiAl-LDH 能够提高CBGM浆体中后期抗压强度，而 $Li_2CO_3$ 对后期强度的影响与其掺量有关。

## 7.2 本书的创新之处

(1) 基于类水滑石与水化硫铝酸钙的同晶结构，引入锂元素，合成了一种高效纳米外加剂。

(2) 阐明了锂铝类水滑石的增强作用机理——锂离子缓释增强与纳米晶核协同作用。

(3) 探明了锂铝类水滑石与减水剂、悬浮剂的匹配关系，研发出了一种力学性能早期增长显著而后期稳定的硫铝酸盐水泥基注浆材料。

## 7.3 展望

基于现有试验现象和规律，针对纳米 LiAl-LDH 和钙矾石的优势和不足，对今后的工作进行展望：

(1) 关于纳米 LiAl-LDH 对 CBGM 浆体的改性机理，后续研究还需要深入，如两种锂盐化合物对水化产物的结晶习性影响的异同，碳酸锂使得后期强度发生倒缩的原因等。

(2) 除了纳米材料的种类，纳米材料的晶型、结晶度、形貌等均会影响其改性效果，为日后继续研究的内容。

(3) 纳米材料的分散性能影响其对水泥基材料的改性效果，可从纳米材料结构出发，对其进行接枝改性，进一步提高水泥基材料的力学性能。

# 参考文献

[1] 李军.注浆加固技术在地铁隧道结构沉降处理中的应用研究[D].广州:华南理工大学,2013.

[2] 李东.深埋引水隧洞富水段注浆堵水加固技术及工程应用研究[D].天津:天津大学,2014.

[3] 雷进生.碎石土地基注浆加固力学行为研究[D].北京:中国地质大学(北京),2013.

[4] 王乾,曲立清,郭洪雨,等.青岛胶州湾海底隧道围岩注浆加固技术[J].岩石力学与工程学报,2011,30(4):790-802.

[5] 康书亭.破碎煤岩巷道锚注加固的施工方法[J].科学之友,2012(9):2-3.

[6] CELIK F,CANAKCI H. An investigation of rheological properties of cement-based grout mixed with rice husk ash (RHA)[J]. Construction and building materials,2015,91(30):187-194.

[7] 王娟,宋丹,吴廷伟.甲酸钙在不同聚合物防水砂浆体系中的作用效果及机理分析[J].中国建筑防水,2013(8):23-26.

[8] 马保国,朱艳超,胡迪,等.甲酸钙对硫铝酸盐水泥早期水化过程的影响[J].功能材料,2013,44(12):1763-1767.

[9] 黄志松.碳酸锂对硫铝酸盐水泥性能的影响[J].建筑技术,2015,46(增刊):81-82.

[10] 方明星.矿用双液硫铝酸盐水泥基注浆材料性能研究与应用[D].焦作:河南理工大学,2012.

[11] 陈大川,程超,黄政宇.几种外加剂组分对硫铝酸盐水泥性能的影响[J].铁道科学与工程学报,2015,12(5):1074-1082.

[12] HOU P K,WANG K J,QIAN J S,et al. Effects of colloidal nano-$SiO_2$ on fly ash hydration[J]. Cement and concrete composites,2012(34):1095-1103.

[13] ZHANG M H,LI H. Pore structure and chloride permeability of concrete containing nano-particles for pavement[J]. Construction and building materials, 2011(25):608-616.

[14] DU H J,DU S H,LIU X M. Durability performances of concrete with nano-silica[J]. Construction and building materials,2014,73(30):705-712.

[15] OLTULU M,ŞAHIN R. Effect of nano-$SiO_2$,nano-$Al_2O_3$ and nano-$Fe_2O_3$ powders on compressive strengths and capillary water absorption of cement mortar containing fly ash:A comparative study[J]. Energy and buildings,2013,58:292-301.

[16] 兰明章,黄瑞,陈智丰,等.高铝硫比硫铝酸盐水泥熟料矿物烧成研究[J].水泥,2011(10):1-3.

[17] 郭亚楠.超细硫铝酸盐水泥基注浆材料的水化硬化规律研究[D].焦作:河南理工大学,2015.

[18] HARGIS C W,KIRCHHEIM A P,MONTEIRO P J M,et al. Early age hydration of calcium sulfoaluminate (synthetic ye′elimite $C_4A_3\bar{S}$) in the presence of gypsum and varying amounts of calcium hydroxide[J]. Cement and concrete research,2013(48):105-115.

[19] 常钧,张洋洋,尚小朋,等. $AH_3$ 及水化程度对硫铝酸盐水泥强度的影响[J].建筑材料学报,2016,19(6):1028-1032.

[20] 王永吉. $Fe_2O_3$ 对硫铝酸盐水泥熟料矿物形成及性能的影响[D].武汉:武汉理工大学,2015.

[21] 徐玲琳.硅酸盐水泥:(硫)铝酸盐水泥混合体系的低温性能与水化机理[D].上海:同济大学,2013.

[22] JANOTKA I,KRAJCČI L,RAY A,et al. The hydration phase and pore structure formation in the blends of sulfoaluminate-belite cement with Portland cement[J]. Cement and concrete composites,2003,33(4):489-497.

[23] PELLETIER L,WINNEFELD F,LOTHENBACH B. The ternary system Portland cement - calcium sulphoaluminate clinker-anhydrite:Hydration mechanism and mortar properties[J]. Cement and concrete composites,2010,32(7):497-507.

[24] 杨志强.硅酸盐水泥熟料改性硫铝酸盐水泥性能[D].重庆:重庆大学,2016.

[25] GARCÍA-MATÉ M,SANTACRUZ I,DE LA TORRE A G,et al. Rheological and hydration characterization of calcium sulfoaluminate cements pastes[J]. Cement and concrete composites,2012,34(5):684-691.

[26] KEITH Q. Performance of belite-sulfoaluminate cements[J]. Cement and concrete research,2001,31(9):1341-1349.

[27] 侯文萍,付兴华,黄世峰,等.外加剂在硫铝酸盐水泥系统中的作用[J].济南大学学报(自然科学版),2002,16(1):6-10.

[28] 蔡兵团.超细硫铝酸盐水泥基注浆材料的应用研究[D].焦作:河南理工大学,2011.

[29] 贾会霞,吕淑珍,胡景亮,等.石膏掺量对高贝利特-硫铝酸盐水泥性能的影响[J].武汉理工大学学报,2014,36(1):24-28.

[30] 崔素萍,张彦林,王子明,等.石膏品种对硅酸盐-硫铝酸盐复合体系水泥性能的影响[J].水泥工程,2005(1):38-40.

[31] 冯修吉,王卉.石膏对硫铝酸盐早强水泥一些性能的影响[J].硅酸盐学报,1984,12(2):166-178,259.

[32] 贾韶辉,陈彦翠,刘恒波,等.石膏种类及掺量对硫铝酸盐水泥性能的影响研究[J].建材发展导向,2015,13(12):59-61.

[33] 简险峰,王栋民,黄天勇,等.普通硅酸盐水泥基矿物掺合料对硫铝酸盐水泥性能的影响[J].硅酸盐通报,2014,33(4):984-987.

[34] 孟祥谦,叶正茂,程新.硫铝酸盐水泥基修补砂浆的力学性能[J].济南大学学报(自然

科学版),2010,24(1):1-4.

[35] 周华新,刘加平,崔巩,等.超早强聚合物快速修补砂浆研制及粘结耐久性能研究[J].新型建筑材料,2013(1):15-19.

[36] 黄梅,李渠江.聚合物改性的道路快速修补砂浆研究[J].四川建材,2012,38(6):179-181.

[37] 黄从运,张明飞,曾俊杰,等.聚合物乳液改性硫铝酸盐水泥修补砂浆的试验研究[J].化学建材,2006,22(5):34-36.

[38] 雷毅.水泥混凝土路面快速修补用聚合物改性水泥基材料的研究[D].长沙:湖南大学,2014.

[39] PELLETIER-CHAIGNAT L, WINNEFELD F, LOTHENBACH B, et al. Beneficial use of limestone filler with calcium sulphoaluminate cement[J]. Construction and building materials,2012,26:619-627.

[40] 戴民,赵慧.矿物掺合料对硫铝酸盐水泥基灌浆料性能的影响[J].混凝土,2014(12):91-94.

[41] 马保国,韩磊,李海南,等.一种高强低成本硫铝酸盐水泥基材料:201410483243.5[P].2015-01-07.

[42] 王桂明,赵士豪,水中和,等.一种活性纤维质硫铝酸盐水泥砂浆增强剂及其制备方法:201710301458.4[P].2017-09-01.

[43] LI G X, ZHANG J J, SONG Z P, et al. Improvement of workability and early strength of calcium sulphoaluminate cement at various temperature by chemical admixtures [J]. Construction and building materials,2018,160:427-439.

[44] ZHANG Y H, WANG Y L, LI T B, et al. Effects of lithium carbonate on performances of sulphoaluminate cement-based dual liquid high water material and its mechanisms[J]. Construction and building materials,2018,161:374-380.

[45] 韩建国,阎培渝.碳酸锂对硫铝酸盐水泥水化特性和强度发展的影响[J].建筑材料学报,2011,14(1):6-9.

[46] 黄士元,邬长森,杨荣俊.混凝土外加剂对硫铝酸盐水泥水化历程的影响[J].混凝土与水泥制品,2011(1):7-12.

[47] 孙倩.硫铝酸盐水泥基材料水化硬化规律的研究[D].焦作:河南理工大学,2013.

[48] 李峤玲.超早强水泥基灌浆料的性能研究[D].哈尔滨:哈尔滨工业大学,2011.

[49] CLARK B A, BROWN P W. The formation of calcium sulfoaluminatehydrate compounds: Part Ⅰ[J]. Cement and concrete research,1999,29(12):1943-1948.

[50] CLARK B A, BROWN P W. The formation of calcium sulfoaluminatehydrate compounds: Part Ⅱ[J]. Cement and concrete research,2000,2(30):233-240.

[51] 扶庭阳.超早强硫铝酸盐水泥基材料研究与应用[D].烟台:烟台大学,2017.

[52] 刘红杰,李九苏,赵明博,等.亚硝酸钙对硫铝酸盐水泥水化和强度的影响[J].交通科学与工程,2017,33(4):10-13.

[53] 徐鹏飞,孙艳,廖宜顺,等.氢氧化钙对硫铝酸盐水泥-粉煤灰复合胶凝材料的水化影响[J].硅酸盐通报,2017,36(9):2907-2912,2922.

[54] 程超.喷射硫铝酸盐混凝土紧急抢修机场道面研究[D].长沙:湖南大学,2015.
[55] 张振秋,陈智丰.提高以无水硫铝酸钙为主要矿物的水泥及其混凝土强度的方法:200810054888.1[P].2008-12-10.
[56] HARGIS C W,TELESCA A,MONTEIRO P J M. Calcium sulfoaluminate (Ye′elimite) hydration in the presence of gypsum, calcite, and vaterite[J]. Cement and concrete research,2014,65:15-20.
[57] 陈娟,卢亦炎.硫铝酸盐水泥性能的调整与应用[J].混凝土,2007(9):54-56.
[58] 韩建国,阎培渝.锂化合物对硫铝酸盐水泥水化历程的影响[J].硅酸盐学报,2010,38(4):608-614.
[59] 奚浩.微波激活锂渣对硫铝酸盐水泥促凝效果的影响[D].南京:南京理工大学,2014.
[60] 韩磊.硫铝酸盐水泥基胶凝材料的研究[D].武汉:武汉理工大学,2015.
[61] 吴逸虹,沈威,陆平.钾钠对硫铝酸盐水泥水化的影响[J].硅酸盐学报,1988(2):118-123.
[62] 左永强.硫铝酸盐水泥超早强外加剂的制备及其应用研究[D].长沙:湖南大学,2010.
[63] 郭俊萍,肖忠明.硫铝酸盐水泥复合早强剂及早强硫铝酸盐水泥:201710465555.7[P].2017-10-20.
[64] TELESCA A,MARROCCOLI M,PACE M L,et al. A hydration study of various calcium sulfoaluminate cements[J]. Cement and concrete composites,2014,53:224-232.
[65] WINNEFELD F,LOTHENBACH B. Hydration of calcium sulfoaluminate cements-Experimental findings and thermodynamic modelling [J]. Cement and concrete research,2010,40(8):1239-1247.
[66] MA B G,LI H N,ZHU Y C,et al. Influence of Nano-$SiO_2$ and Nano-$TiO_2$ on early hydration of calcium sulfoaluminate cement[J]. Key engineering materials,2014,599:39-45.
[67] 马保国,梅军鹏,李海南,等.纳米 $SiO_2$ 对硫铝酸盐水泥水化硬化的影响[J].功能材料,2016,47(2):2010-2014.
[68] 马保国,姜文斌,梅军鹏,等.纳米 $SiO_2$ 对硫铝酸盐水泥基材料物理力学性能的影响[J].功能材料,2017,48(3):3116-3120,3126.
[69] 马保国,刘晓海,梅军鹏,等.纳米 $TiO_2$ 对硫铝酸盐水泥早期水化的影响[J].功能材料,2017,48(2):2187-2191.
[70] RENAUDIN G,RAPIN J P,HUMBERT B,et al. Thermal behaviour of thenitrated AFm phase $Ca_4Al_2(OH)_{12}(NO_3)_2 \cdot 4H_2O$ and structure determination ofthe intermediate hydrate $Ca_4Al_2(OH)_{12}(NO_3)_2 \cdot 2H_2O$[J]. Cement and concrete research,2000,30(2):307-314.
[71] RENAUDIN G,FRANCOIS M,EVRARD O. Order and disorder in the lamellar hydrated tetracalcium monocarboaluminate compound [J]. Cement and concrete research,1999,29:63-69.
[72] PLANK J,DAI Z M,ZOUAOUI N. Novel hybrid materials obtained by intercalation of organic comb polymers into Ca-Al-LDH[J]. Journal of physics and chemistry of

solids,2008,69(5-6):1048-1051.

[73] ODLER I,COLÁN-SUBAUSTE J. Investigations on cement expansion associated with ettringite formation[J]. Cement and concrete research,1999,29(5):731-735.

[74] 王智,郑洪伟,韦迎春.钙矾石形成与稳定及对材料性能影响的综述[J].混凝土,2001(6):44-48,56.

[75] GOETZ-NEUNHOEFFER F,NEUBAUER J,SCHWESIG P. Mineralogical characteristics of ettringites synthesized from solutions and suspensions[J]. Cement and concrete research,2006,36(1):65-70.

[76] ADAMS L D. Ettringite, the positive side[C]//19th international conferenceon cement microscopy. Cincinnati:[s. n.],1997:1-13.

[77] COLLEPARDI M. A state-of-the-art review on delayed ettringite attack on concrete [J]. Cement and concrete composites,2003,25(4-5):401-407.

[78] TAYLOR H F W,FAMY C,SCRIVENER K L. Delayed ettringite formation[J]. Cementand concrete research,2001,31(5):683-693.

[79] BENSTED J,VARMA S P. Ettringite and its derivatives II. Chromate substitution [J]. Silicate industriels,1972,37(12):315-318.

[80] LONG S Z,WU Y R,WANG J C. Ettringite formed by solid phase reaction[J]. Journal of the chinese ceramic society,1995(2):234-239.

[81] ZHANG Q,SAITO F. Sonochemical synthesis of ettringite from a powder mixture suspended in water[J]. Powder technology,2000,107(1-2):43-47.

[82] SARA M,MARTA P,ROBERT J F. Impact of sample preparation on the specific surface area of synthetic ettringite[J]. Cement and concrete research,2016,86:20-28.

[83] ROBERT B P E,et al. Solubility of ettringite ($Ca_6[Al(OH)_6]_2(SO_4)_3 26H_2O$) at 5-75 ℃[J]. Geochimica et cosmochimica acta,1999,63(13):1969-1980.

[84] ZHANG Q,SAITO F. Sonochemical synthesis of ettringite from a powder mixture suspended in water[J]. Powder technology,2000,107(1-2):43-47.

[85] TERAI T,MIKUNI A,NAKAMURA Y,et al. Synthesis of ettringite from portlandite suspensions at various Ca/Al ratios[J]. Inorganic materials, 2007, 43(7): 786-792.

[86] LUIS G B,THOMAS M,KAREN L S. Impact of water activity on the stability of ettringite[J]. Cement and concrete research,2016,79:31-44.

[87] MARTA M,CHRISTOPHE L,Lsabelle P,et al. Ettringite surface chemistry: Interplay of electrostatic and ion specificity[J]. Journal of colloid and interface science, 2011,354(2):765-770.

[88] BARBARULO R,PEYCELON H,LECLERCQ S. Chemical equilibria between CSH and ettringite at 20 and 85 ℃[J]. Cement and concrete research,2007,37:1176-1181.

[89] KAMILE TOSUN,BÜLENT BARADAN. Effect of ettringite morphology on DEF-related expansion[J]. Cement and concrete composites,2010(32):271-280.

[90] 陈凤琴.温度对钙矾石生长特性的影响[J].建材世界,2011,32(3):7-9,20.

[91] 马惠珠,邓敏.碱对钙矾石结晶及溶解性能的影响[J].南京工业大学学报,2009,29(5):37-40.

[92] 张文生,张金山,叶家元,等.合成条件对钙矾石形貌的影响[J].硅酸盐学报,2017,45(5): 631-638.

[93] JO B W,KIM C H,TAE G H,et al. Characteristics of cement mortar with nano-$SiO_2$ particles[J]. Construction and building materials,2007,21:1351-1355.

[94] LI H,XIAO H G,YUAN J,et al. Microstructure of cement mortar with nano-particles[J]. Composites part B-engineering,2004,35:185-189.

[95] HOU P K,KAWASHIMA SHIHO,KONG D Y,et al. Modification effects of colloidal nano-$SiO_2$ on cement hydration and its gel property[J]. Composites:part B,2013,45:440-448.

[96] SENFF L,LABRINCHA J A,FERREIRA V M,et al. Effect of nano-silica on rheology and fresh properties of cement pastes and mortars[J]. Construction and building materials,2009,23:2487-2491.

[97] MADANI H,BAGHERI A,PARHIZKAR T. The pozzolanic reactivity of monodispersed nanosilica hydrosols and their influence on the hydration characteristics of Portland cement[J]. Cement and concrete research,2012,42:1563-1570.

[98] TOBÓN J I,PAYÁ J J,BORRACHERO M V,et al. Mineralogical evolution of Portland cement blended with silica nanoparticles and its effect on mechanical strength [J]. Construction and building materials,2012,36:736-742.

[99] RAI S,TIWARI S. Nano Silica in cement hydration[J]. Materials today:proceedings,2018,5(3):9196-9202.

[100] LAND G,STEPHAN D. The influence of nano-silica on the hydration of ordinary Portland cement[J]. Journal of materials science,2012,47:1011-1017.

[101] ALI NAZARI,SHADI RIAHI. Abrasion resistance of concrete containing $SiO_2$ and $Al_2O_3$ nanoparticles in different curing media[J]. Energy and building,2011,43:2939-2946.

[102] ZHANG M H,ISLAM J. Use of nano-silica to reduce setting time and increase early strength of concretes with high volumes fly ash or slag[J]. Construction and building materials,2012,29:573-580.

[103] OERTEL T,HELBIG U,HUTTER F,et al. Influence of amorphous silica on the hydration in ultra-high performance concrete[J]. Cement and concrete research,2014,58:121-130.

[104] KONG D Y,DU X F,WEI S,et al. Influence of nano-silica agglomeration on microstructure and properties of the hardened cement-based materials[J]. Construction and building materials,2012,37:707-715.

[105] POURJAVADI A,FAKOORPOOR S M,Hosseini P,et al. Interactions between superabsorbent polymers and cement-based composites incorporating colloidal silica nanoparticles[J]. Cement and concrete composites,2013,37:196-204.

[106] HOU P K, KAWASHIMA S, WANG K J, et al. Effects of colloidal nanosilica on rheological and mechanical properties of fly ash-cement mortar[J]. Cement and concrete composites, 2013, 35: 12-22.

[107] STEFANIDOU M, PAPAYIANNI I. Influence of nano-$SiO_2$ on the Portland cement pastes[J]. Composites: part B, 2012, 43: 2706-2710.

[108] HARUEHANSAPONG S, PULNGERN T, CHUCHEEPSAKUL S. Effect of the particle size of nanosilica on the compressive strength and the optimum replacement content of cement mortar containing nano-$SiO_2$[J]. Construction and building materials, 2014, 50(15): 471-477.

[109] GHAFARI E, COSTA H, JÚLIO E, et al. The effect of nanosilica addition on flowability, strength and transport properties of ultra high performance concrete[J]. Materials and design, 2014, 59: 1-9.

[110] ROGN Z D, SUN W, XIAO H J, et al. Effects of nano-$SiO_2$ particles on the mechanical and microstructural properties of ultra-high performance cementitious composites[J]. Cement and concrete composites, 2015, 56: 25-31.

[111] KONTOLEONTOS F, TSAKIRIDIS P E, MARINOS A, et al. Influence of colloidal nanosilica on ultrafine cement hydration: physicochemical and microstructural characterization[J]. Construction and building materials, 2012, 35: 347-360.

[112] ALIREZA KHALOO, MOHAMMAD HOSSEIN MOBINI, PAYAM HOSSEINI. Influence of different types of nano-$SiO_2$ particles on properties of high-performance concrete[J]. Construction and building materials, 2016, 113(15): 188-201.

[113] LIU X Y, CHEN L, LIU A H, et al. Effect of nano-$CaCO_3$ on properties of cement paste[J]. Energy procedia, 2012, 16: 991-996.

[114] 杨杉,籍凤秋. 纳米碳酸钙对钢纤维混凝土物理力学性能的影响[J]. 铁道建筑, 2011(8): 133-135.

[115] SATO T, BEAUDOIN J J. Effect of nano-$CaCO_3$ on hydration of cement containing supplementary cementtitious materials[J]. Advances in Cement Research, 2011, 23(1): 33-43.

[116] WU Z M, SHI C J, KHAYAT K H, et al. Effects of different nanomaterials on hardening and performance of ultra-high strength concrete (UHSC) [J]. Cement and concrete composites, 2016, 70: 24-34.

[117] 钱匡亮,张津践,钱晓倩,等. 纳米 $CaCO_3$ 中间体对水泥基材料性能的影响[J]. 材料科学与工程学报, 2011, 29(5): 692-697.

[118] SATO T, BEAUDOIN J J. Effect of nano-$CaCO_3$ on hydration of cement containing supplementary cementitious materials[J]. Advances in cement research, 2011, 23(1): 33-43.

[119] NICOLEAU L. New calcium silicate hydrate network[J]. Transportation research record: Journal of the transportation research board, 2010(2142): 42-51.

[120] LAND G, STEPHAN D. Preparation and application of nanoscaled C-S-H as an

accelerator for cement hydration[C]// SOBOLEV K, SHAH P S. Nanotechnology in construction: proceedings of NICOM5. Bolin: Springer Group, 2015: 117-122.

[121] ALIZADEH R, RAKI L, MAKAR J M, et al. Hydration of tricalcium silicate in the presence of synthetic calcium-silicate-hydrate[J]. Journal of materials chemistry, 2009, 19: 7937-7946.

[122] HUBLER M H, THOMAS J J, JENNINGS H M. Influence of nucleation seeding on the hydration kinetics and compressive strength of alkali activated slag paste[J]. Cementand concrete research, 2011, 41 (8) : 842-846.

[123] SUN J F, SHI H, QIAN B B, et al. Effect of synthetic C-S-H/PCE nanocomposites on early cement hydration[J]. Construction and building materials, 2017, 140: 282-292.

[124] XU S, CHEN Z, ZHANG B, et al. Facile preparation of pure CaAl-layered double hydroxides and their application as a hardening accelerator in concrete[J]. Chemical engineering journal, 2009, 155(3): 881-885.

[125] NADIV ROEY, SHTEIN MICHAEL, REFAELI MAOR, et al. The critical role of nanotube shape in cement composites [J]. Cement and concrete composites, 2016 (71): 166-174.

[126] KONSTA-GDOUTOS M S, METAXA Z S, SHAH S P. Highly dispersed carbon nanotube reinforced cement based materials[J]. Cement and concrete research, 2010, 40(7): 1052-1059.

[127] CHAN L Y, ANDRAWES B. Finite element analysis of carbon nanotube/cement composite with degraded bond strength[J]. Computational materials science, 2010, 47(4): 994-1004.

[128] FADZIL A M, MUHD NORHASRI M S, HAMIDAH M S, et al. Alteration of Nano metakaolin for ultra high performance concrete[C]//CIEC 2013-proceedings of the international civil and infrastructure engineering conference. Berlin: Springer, 2013.

[129] MOHD FAIZAL M J, HAMIDAH M S, MUHD NORHASRI M S, et al. Chloride permeability of nanoclayed ultra-high performance concrete[C]//CIEC 2014-proceedings of the international civil and infrastructure engineering conference. Singapore: Springer, 2015: 613-623.

[130] ZHANG R, CHENG X, HOU P K, et al. Influences of nano-$TiO_2$ on the properties of cement-based materials: hydration and drying shrinkage[J]. Construction and building materials, 2015, 81: 35-41.

[131] LI W G, LI X Y, CHEN S J, et al. Effects of graphene oxide on early-age hydration and electrical resistivity of Portland cement paste[J]. Construction and building materials, 2017, 136: 506-514.

[132] MOKHTAR M M, ABO-EL-ENEIN S A, HASSAAN M Y, et al. Mechanical performance, pore structure and micro-structural characteristics of graphene oxide nano platelets reinforced cement[J]. Construction and building materials, 2017, 138:

333-339.

[133] COLLINS F, LAMBERT J, DUAN W H. The influences of admixtures on the dispersion, workability, and strength of carbon nanotube-OPC paste mixtures[J]. Cement and concrete composites, 2012, 34: 201-207.

[134] WANG J, LEI Z Y, QIN H, et al. Structure and catalytic property of Li-Al metal oxides from layered double hydroxide precursors prepared via a facile solution route [J]. Industrial and engineering chemistry research, 2011, 50(12): 7120-7128.

[135] WANG G R, RAO D M, LI K T, et al. UV blocking by Mg-Zn-Al layered double hydroxides for the protection of asphalt road surfaces[J]. Industrial and engineering chemistry research, 2014, 53(11): 4165-4172.

[136] LOTHENBACH B, WIELAND E. A thermodynamic approach to the hydration of sulphate-resisting Portland cement[J]. Waste manage, 2006, 26(7): 706-719.

[137] WINNEFELD F, BARLAG S. Influence of calcium sulfate and calcium hydroxideon the hydration of calcium sulfoaluminate clinker[J]. Materials science, 2009(12): 42-53.

[138] 张少明,胡双启,赵海霞. 纳米 $Al_2O_3$ 粉末团聚机理与防止方法研究进展[J]. 兵器材料科学与工程,2008,31(6):94-96.

[139] FERNÁNDEZ-JIMÉNEZ A, PUERTAS F. Alkali-activated slag cements: kinetic studies [J]. Cement and concrete research, 1997, 27(3): 359-368.

[140] SCHUTTER G D. Hydration and temperature development of concrete made with blast-furnace slag cement [J]. Cement and concrete research, 1999, 29(1): 143-149.

[141] 阎培渝,郑峰. 水泥基材料的水化动力学模型[J]. 硅酸盐学报,2006,34(5):555-559.

[142] KONDO R, UEDA S. Kinetics and mechanisms of the hydration of cements[C]//5th international congress on the chemistry of cement, Vol 2. Tokyo: [s. n.], 1968: 203-248.

[143] KNUDSEN T. On particle size distribution in cement hydration[C]//Proceedings of 7th international congress on the chemistry of cement. Paris: [s. n.], 1980: 1-170.

[144] 杨惠先,金树新,宗少民. 无水硫铝酸钙水化热动力学特征的研究[J]. 石家庄铁道学院学报,1995,8(1):75-80.

[145] STÉPHANE B, CÉLINE C D C, PATRICK L B, et al. Hydration of calcium sulfoaluminate cement by a $ZnCl_2$ solution: investigation at early age[J]. Cement and concrete research, 2009, 39: 1180-1187.

[146] CAU D C C, DHOURY M, CHAMPENOIS J B, et al. Combined effects of lithium and borate ions on the hydration of calcium sulfoaluminate cement[J]. Cement and concrete research, 2017, 97: 50-60.

[147] BRAVO-SUÁREZ J J, PÁEZ-MOZO E A, OYAMA S T. Review of the synthesis of layered double hydroxides: a thermodynamic approach[J]. Química nova, 2004: 27 (4): 601-614.

[148] CAU D C C, DHOURY M, CHAMPENOIS J B, et al. Physico-chemical mechanisms

involved in the acceleration of the hydration of calcium sulfoaluminate cement by lithium ions[J]. Cement and concrete research,2017,96:42-51.

[149] XUE F,LI H B,ZHU Y C,et al. Solvothermal synthesis and photoluminescence properties of $BiPO_4$ nano-cocoons and nanorods with different phases[J]. Journal of solid state chemistry,2009,182(6):1396-1400.

[150] YIN S,SHINOZAKI M,SATO T. Synthesis and characterization of wire-like and near-spherical $Eu_2O_3$-doped $Y_2O_3$ phosphors by solvothermal reaction[J]. Journal of luminescence,2007,126(2):427-433.

[151] 张海荣,次超,李哲,等. 晶化条件对 Mo-ZSM-5 分子筛粒径的影响[J]. 工业催化, 2017, 25(4):23-27.

[152] 郑燕. 低受限度体系晶体同质变体生长机理研究[D]. 上海:中国科学院上海硅酸盐研究所,2000.

[153] JIAO X L,CHEN D R,XIAO L H. Effects of organic additives on hydrothermal zirconia nano -crystallites[J]. Journal of crystal growth,2003,258:158-162.

[154] SÁNCHEZ-HERRERO M J,FERNÁNDEZ-JIMÉNEZ A,PALOMO A. C4A3Š hydration in different alkaline media[J]. Cement and concrete research,2013,46:41-49.

[155] VÁZQUEZ-MORENO T,BLANCO-VARELA M T. Tabla de frecuencias y espectros de absorción infrarroja de compuestos relacionados con la química del cemento [J]. Materials de construction,1981,31(182):31-48.

[156] FERNÁNDEZ-CARRASCO L,VÁZQUEZ T. Aplicación de la espectroscopía infrarroja alestudio de cemento aluminoso[J]. Materiales de construccion,1996(46):53-65.

[157] CALOS N J,WHITTAKER A K,DAVIS R L,et al. Structure of calcium aluminate sulfate $Ca_4Al_6O_{16}S$[J]. Journal of solid state chemistry,1995,119(1):1-7.

[158] TREZZA M A,LAVAT A E. Analysis of the system 3CaO. $Al_2O_3$-$CaSO_4$. $2H_2O$-$CaCO_3$-$H_2O$ by FT-IR spectroscopy[J]. Cement and concrete research,2001,31(6):869-872.

[159] LEI L,PLANK J. A Concept for a polycarboxylate superplasticizer possessing enhanced clay tolerance[J]. Cement and concrete research,2012,42(10):1299-1306.

[160] 马保国,杨虎,谭洪波,等. 聚羧酸减水剂在水泥和泥土表面的吸附行为[J]. 武汉理工大学学报,2012(5):1671-4431.

[161] NG S,PLANK J. Interaction mechanisms between Na montmorillonite clay and MPEG-based polycarboxylate superplasticizers[J]. Cement and concrete research, 2012,42 (6):847-854.

[162] 吴昊. 粘土对聚羧酸系减水剂性能的影响机制及控制措施[D]. 北京:北京工业大学,2012.

[163] 李静静. 锂基蒙脱石的制备、性能及应用研究[D]. 青岛:山东科技大学,2007.

[164] 姚淑卿,邢书明,宋新丰,等. 钠膨润土在复杂分散体系中的悬浮行为[J]. 硅酸盐学报,2010,38(5):938-942.

[165] 涂成厚. 水泥石孔隙的形成及消除研究[D]. 武汉:武汉理工大学,2001.